"新农家文化生活"丛书

U0826912

家电用法须知

翁秋奇　孙　虹　施维豪　潘燕云　编著

海峡出版发行集团 | 福建科学技术出版社
THE STRAITS PUBLISHING & DISTRIBUTING GROUP | FUJIAN SCIENCE & TECHNOLOGY PUBLISHING HOUSE

图书在版编目（CIP）数据

家电用法须知/翁秋奇等编著．—福州：福建科学技术出版社，2010.7（2012.6 重印）
（新农家文化生活丛书）
ISBN 978-7-5335-3657-2

Ⅰ.①家… Ⅱ.①翁… Ⅲ.①日用电气器具-使用 Ⅳ.①TM925.07

中国版本图书馆 CIP 数据核字（2010）第 080396 号

书　　名	家电用法须知
	“新农家文化生活”丛书
编　　著	翁秋奇　孙虹　施维豪　潘燕云
出版发行	海峡出版发行集团
	福建科学技术出版社
社　　址	福州市东水路 76 号（邮编 350001）
网　　址	www.fjstp.com
经　　销	福建新华发行（集团）有限责任公司
排　　版	福建科学技术出版社排版室
印　　刷	福建地质印刷厂
开　　本	889 毫米×1194 毫米　1/32
印　　张	6.125
字　　数	160 千字
版　　次	2010 年 7 月第 1 版
印　　次	2012 年 6 月第 5 次印刷
书　　号	ISBN 978-7-5335-3657-2
定　　价	13.80 元

书中如有印装质量问题，可直接向本社调换

Foreword 前言

在生活中的每一个角落，我们都能看到各种家用电器的身影，电冰箱、洗衣机、空调器、电视机……它们为我们提供着舒适、愉快的生活享受。

但是这些电器用品一旦发生使用上的失误，轻则不能充分发挥其功能，重则给我们带来身体危害和生命危险。为此，我们对怎样选择到自己所需要的规格型号，怎样做到正确、安全、节能地使用，怎样做好日常的保养和维护，最好都能了解一些。至于构造、原理可能看起来理论性强了些，但多少了解一些，还是对选择、使用、保养都有帮助。这本小册子就是将这些内容收集起来，奉献给各位读者。

说到家用电器的使用，不能不说到国家在2009年推出的两大刺激家电消费的重要政策，那就是财政部、商务部等部门联合印发的《家电以旧换新实施办法》，和财政部、商务部、工业和信息化部联合印发的《关于全国推广家电下乡工作的通知》。在“以旧换新”政策的推动下，2009年我国家电行业逆势上扬，累计工业销售产值同比增长3.28%，受金融危机影响很小。单单是国美、苏宁两大家电销售企业，其电视机、电冰箱、洗衣机、空调、电脑等五类家电销售总量同比，在9个试点省市就分别增长了94%、62%。而“家电下乡”政策在扩大内需、改善民生、促进社会主义新农村建设方面，取得了农民得实惠、企业得市场、政府得民心的显著成效。作为“新农家文化生活”丛书的一个分册，本书也希望能够顺应农民消费需求的新趋势，适应农村生活升级的新特点，在帮助广大读者朋友正确方便地使用家用电器方面起到作用。

虽然这只是一本小册子，但要做到说得通俗、读着轻松，编者还是感觉到不是那么容易，书中如存在没有说明清楚的地方，还请广大读者不吝指出。另外，为了使得内容更加丰富和实用，在成书的过程中，编者参考和引用了有关的专业资料，吸收和借鉴了各方的经验总结，在此也谨向有关人员表示衷心的感谢！

编 者

目录

Contents

一、家庭用电基础知识

家用电器所使用的能源是电。为了更好地使用各种家用电器，有必要了解其基础知识。

（一）电的实质

电是肉眼看不到的东西，因此不容易理解，其实它在我们的身边处处都存在。

例如在我们的日常生活中谁都体验过摩擦生电的现象。在脱腈纶内衣时发出的“啪、啪”声就是因为摩擦生电而产生的。在普通情况下，正电荷与负电荷数量是平衡的，我们感觉不到电的存在；摩擦使之失去平衡，因此电的真面目也随之暴露了出来。

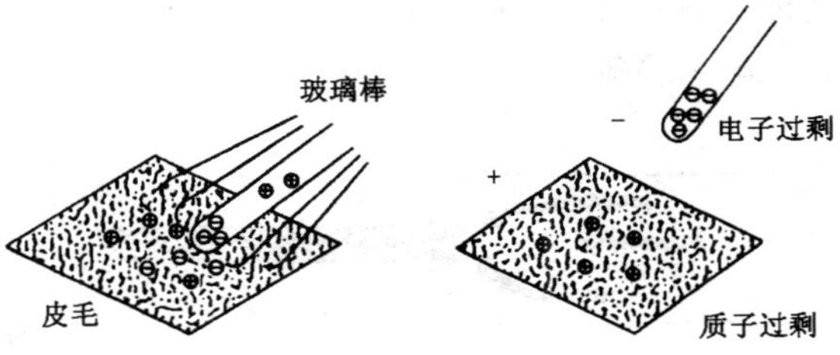

图 1-1　摩擦生电的原理

以上说的是静电。家庭使用的电流，是从发电站通过电线输送来的。电线使用了铜等金属。在组成金属的原子中含有所谓的“自由电子”。这种自由电子具有很容易从一个原子向其他相邻原子移动的性质。当电流从电线中通过时，自由电子一齐朝着一个方向移向相邻的原子。也就是说电线中的电流就是自由电子的流动。

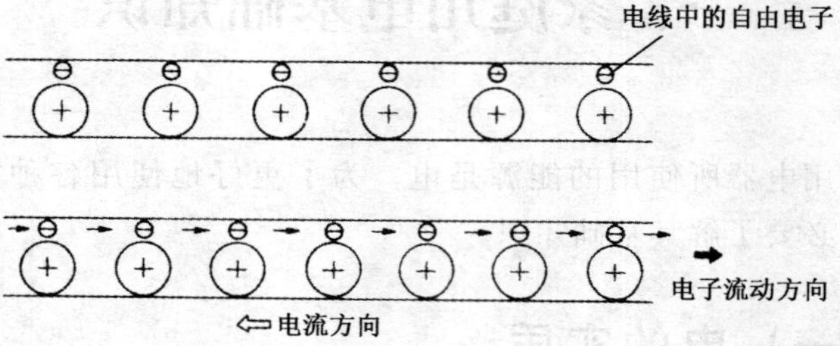

图 1-2　自由电子的横向移动

（二）电的功能

1. 电流的发热作用

由电流所产生的热量，随电器电阻增大或电流量增大而增大。使用这种发热作用的电器有电热器、白炽灯、电熨斗、电炉、电饭锅、电烤箱等。

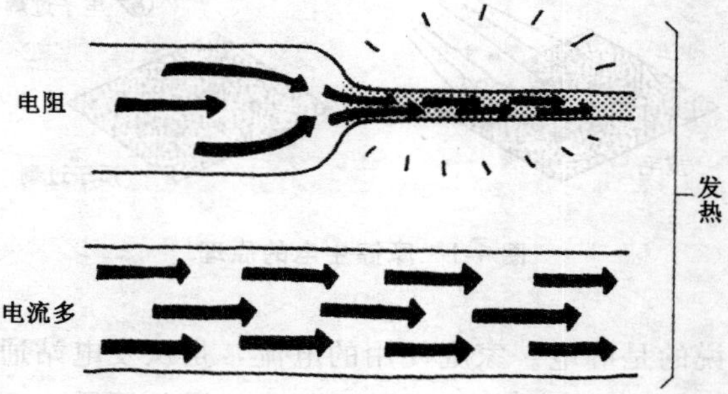

图 1-3　电流的发热作用

2. 电流的磁性作用

如图 1-4（a）所示，用电线缠的线圈按照箭头方向通电后，线圈便带有磁性，分别持有 N（北极）和 S（南极）。此外如图 1-4（b）所示，在线圈中插入铁棒时，磁力则变强。这种像图 1-4（b）一样的东西被称为电磁铁。电铃、电报机、电话机、扩音器、电动机、发电机等都是使用这一原理设计制造出来的。使用电动机的电器有风扇、搅拌机、真空吸尘器、洗衣机、电冰箱、空调器、电子钟、电须刀等。

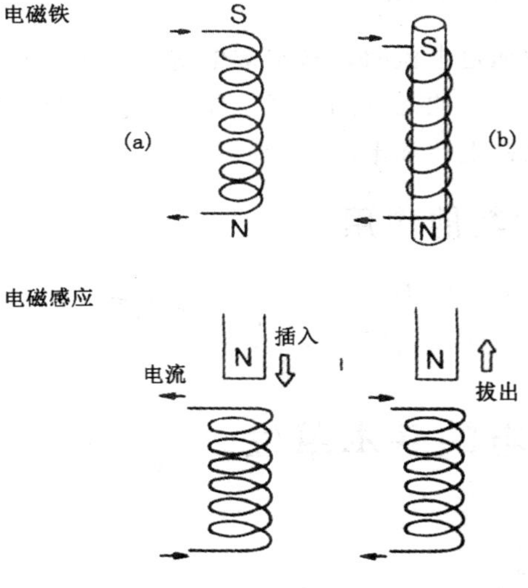

图 1-4　电流的磁性作用

3. 电波的发射

将交流电的频率逐渐提高之后，电流就会发射出一定强度的电波。利用这一原理制作的家电有收音机和电视，利用超高频电波加热烹饪食品的家电便是微波炉。

4. 电子的放射

物质在温度升高时会发生热电子的放射现象，向物质照射光时会出现光电子放射现象。热电子的放射被应用于真空管、显像管及显微镜等上面。光电子的放射则被应用在光电管及电视机的摄像等上面。另外，放电现象被应用于霓虹灯、水银灯及荧光灯等上面。

5. 电的化学作用

在盐水中通过电流时，盐水被电解，产生氢和氧，这就是电的化学作用。电镀便是利用了这个原理。使用这个化学作用获得电的装置就是蓄电池和电池。

6. 电的其他作用

除了上述各种作用之外，电还有静电感应作用，收音机中的电容及可变电容便是利用了这个功能。

（三）电的基本单位

1. 电流

通过电线的电流量叫做电流。其大小用单位安培表示，符号是 A。

家庭用的插座一次可通过的电流限度叫做“负荷电流”。向家庭供电时，全套房屋所能够获得的电流是有限额的。

2. 电压

促使电流流动的压力叫做电压，以伏特为单位，以 V 作符号。市电所使用的电压为 220V。

3. 电功率

电功率是用来衡量家用电器消耗电能快慢的物理量，用瓦特作单位，以 W 为符号。大功率时常用千瓦来表示，符号为 kW，为 W 的 1000 倍。

4. 电流、电压和电功率的关系

电流（I）、电压（V）和电功率（P）三者之间是相互关联的，用以下公式表示。

$P=I\times V$

从上述公式，知道了消耗功率（W）便可知道电气器具的电流是几安培。例如，市电为 220 伏，因此，$I=P/220$ 伏。如果是 660 瓦的电器，则将上述公式中的 P 改写为 660 瓦，即可得出 3 安的电流。

但是，使用电动机的器具以及荧光灯器具时，实际电流安培流量可能比此计算值稍大些。

5. 用电量

将家用电器所用的电能进行累计，得出的结果叫做用电量，单位是瓦特小时，符号为 Wh。

家庭使用的电量是电功率和时间的乘积。通常使用量以千瓦特小时（kWh）计算。

（四）电的性质

1. 直流和交流

电一般分两种，一种是电流方向不变而且电位差不变的直流电；另外一种是电流方向周期性变化，称为交流电。

干电池和蓄电池的放电为直流电。家庭使用的电流为交流电。

2. 频率

送到家庭的交流电源一秒钟周期里改变电流方向 50 次。每秒钟改变电流方向的单位称为赫兹，符号为 Hz。

（五）安全用电的方法

1. 家庭配电线路

（1）室内配电线路

从电缆引入室内的电源经过电表、配电盘送到照明器具及插座上。室内配线使用了各种各样的配电器具。

（2）电表

电表又称电能表、电度表，由一个银色转盘和字轮计度器或者液晶显示窗口组成。表上的数字表示用电量。

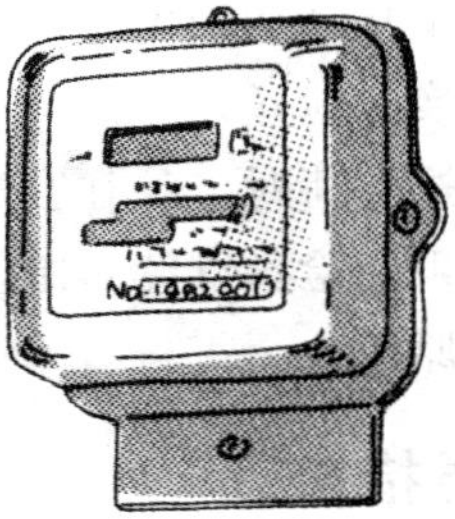

图 1-5　电表

(3) 配电盘

通过电表的连线经过限制电流量的保险盒或者空气开关后送到照明器具和插座。

(4) 空气开关、保险盒

电路中所使用的器具超过了电流量负荷，或出现短路，使电流消耗过多时，空气开关则起到防止危险的作用。

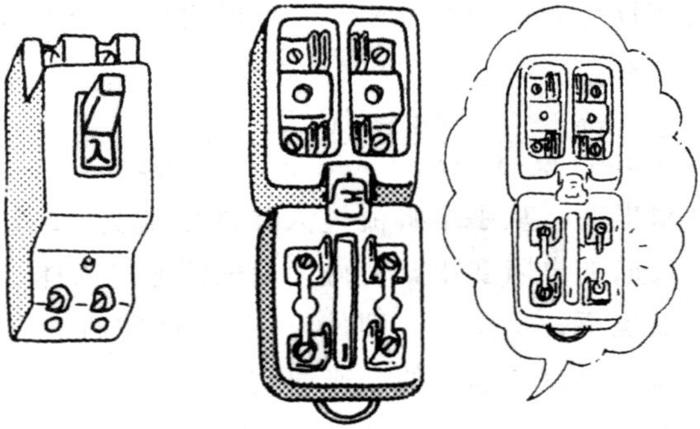

图 1-6　空气开关、保险盒

空气开关的保险方法是自动切断电源。保险盒则是内部的铅丝熔断，重新使用时要更换保险丝。

室内配电器消耗量超过负荷时，往往会造成火灾，请严守使用规定规格的保险丝。如果保险丝继续熔断，定是室内配电线路或电器出现短路，请查找原因。

2. 安全用电重要措施

(1) 接地

使用家用电器最危险的是漏电。即使用的是可靠性高的电器产品仍有必要预防漏电，办法就是接地。

①为什么需要接地。这是因为万一触摸了漏电的器具，电流会通过人体与地相接，产生触电现象。根据程度不同，严重的会导致生命危险。为避免这类事故的出现，有必要接好地线。但是接地线也不是万全之策，电有向电阻小的方向流动的性质，因此只有在接地的电阻比人体小的时候，电才能够流向接地的方向。

②触电的原因。触电的轻重是由流过人体的电流强度而定。

人的皮肤电阻一般在500～5000欧之间。当人体与220伏市电接触时，则：

$$电流=\frac{220伏}{5000欧（手）+5000欧（手或脚）}=0.022安$$

因此触电时，从手至脚流过人体的电流为22毫安。如果手脚潮湿，皮肤的电阻变小，使得大量电流通过人体。

电压低也不一定安全。即使是在40伏左右的低电压，流过人体的电流多时也是危险的。普通交流电，1毫安只是有发麻的感觉，到了5毫安便感到疼痛。而到了20毫安，肌肉会收缩，身不由己。50毫安以上会出现生命危险，至100毫安便可造成死亡。

③为防止触电请注意以下几点。

不要用潮湿的手脚去触碰电灯线和器具，会引起触电危险。

不要用湿布去拿使用中的器具（如电炉等）。

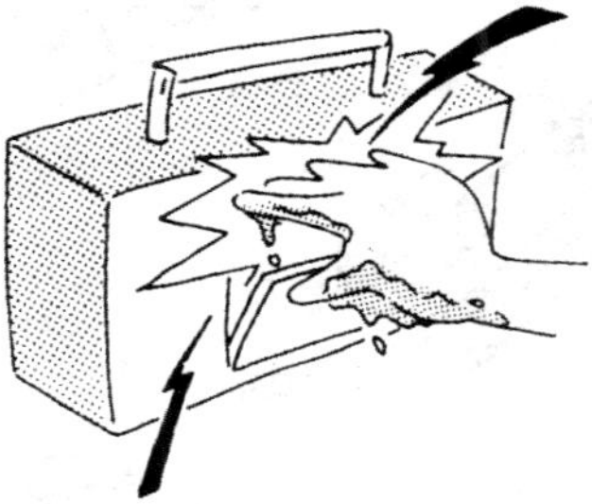

图 1-7 湿布会引发触电

不要向家电后盖的孔眼或插口内插入金属物（发卡等），会发生触电危险。

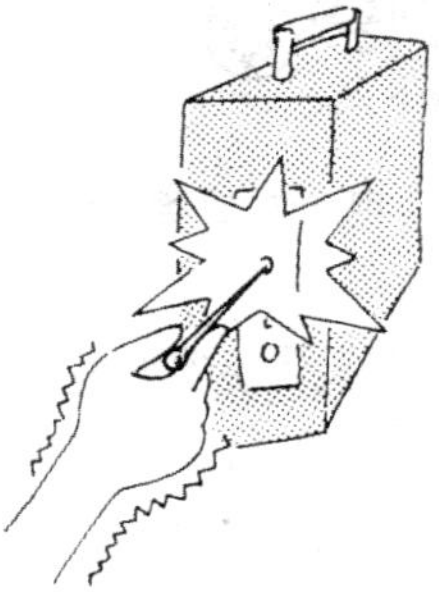

图 1-8 避免接触家电内部电路，以防触电

(2) 标配保险丝

保险丝是电器在使用中发生意外时，熔化阻断电流的小装置。配电盘上装有保险丝。

①保险丝的种类。保险丝有电流超过负荷时熔断和温度过高时熔断的两种。

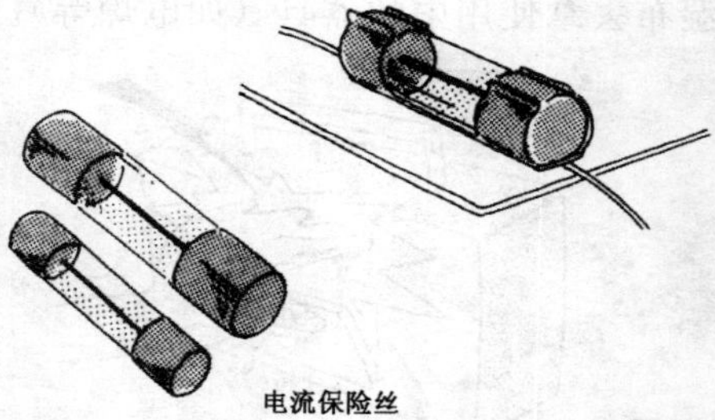

电流保险丝

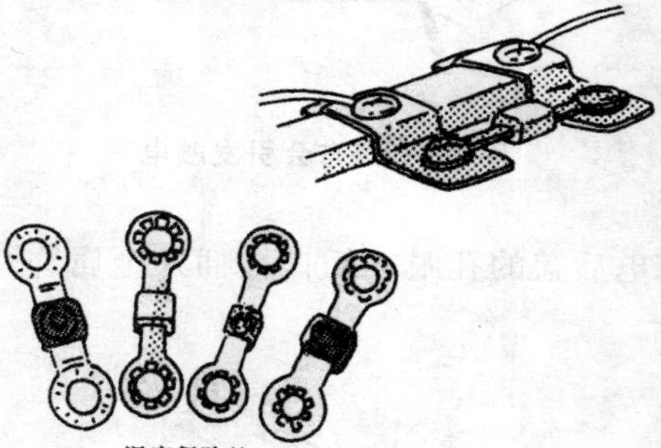

温度保险丝

图 1-9　电流保险丝、温度保险丝

②使用代用品代替保险丝非常危险。当保险丝熔断时，务必要更换指定规格的保险丝。尽管是暂时性的，也不能用细铁丝代用。当然保险丝也要使用规定的合格保险丝。

(3) 安全用电注意要点

①大功率电器不能用插排。插排因为可以同时连接多个电器的方便性而被广泛使用，但是它不宜用于连接大功率电器。因为插排的插座或插口有规定的可以通过的电流负荷。连接多个大功率电器会使电流超过所限负荷，这样会使得电线、插头、室内配

电线发热。发热量比例为电流的平方数。因此在一定的接线情况下电流量加大会使热量不能向外散发，使橡胶或塑料电线皮熔化或熔烧。这样的超负荷接线是非常危险的。

图 1-10　大功率电器不能插在插排上

②电器电源线必须插在相应的供电插座上。因适用地区不同，各种电器要求的供电电压不同，电源线必须插在相应的供电插座上。

图 1-11　设计为 100 伏的电源线不能插在 220 伏的电源插座上

③电源线一定要是专用线。电源线一定要使用附送的专用线，如用其他电器的电源线代替，会引起故障。

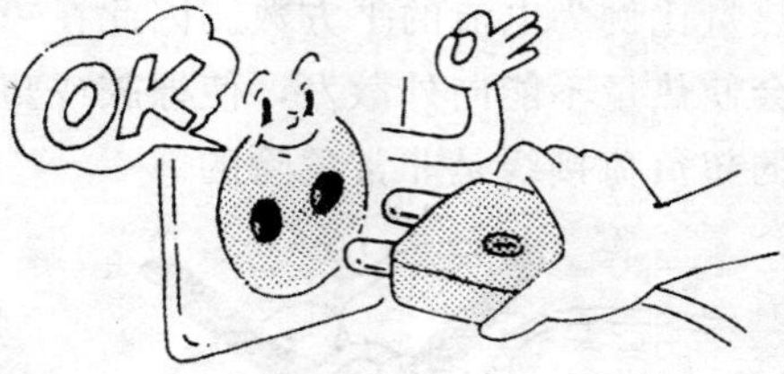

图 1-12　电源线一定要是专用线

④电源线的拔法。拉下电源线时一定要用手握住插头再拔下。

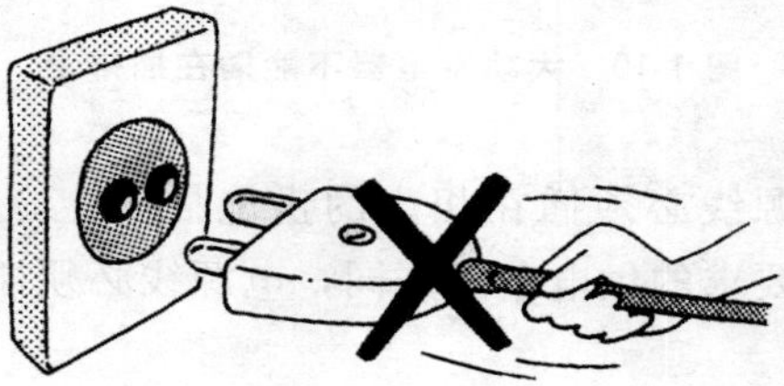

图 1-13　拔下电源线时不能在导线上用力

⑤保护好电源线。电源线不能硬性弯曲、抻拉、折拧及任意加长和线上放置重物等。

图 1-14　保护好电源线

⑥机器使用结束后，请将 POWER（电源）开关打到“OFF”（关）状态，然后拔下电源插头。

二、电冰箱的使用须知

（一）构造与原理

1. 电冰箱的构造

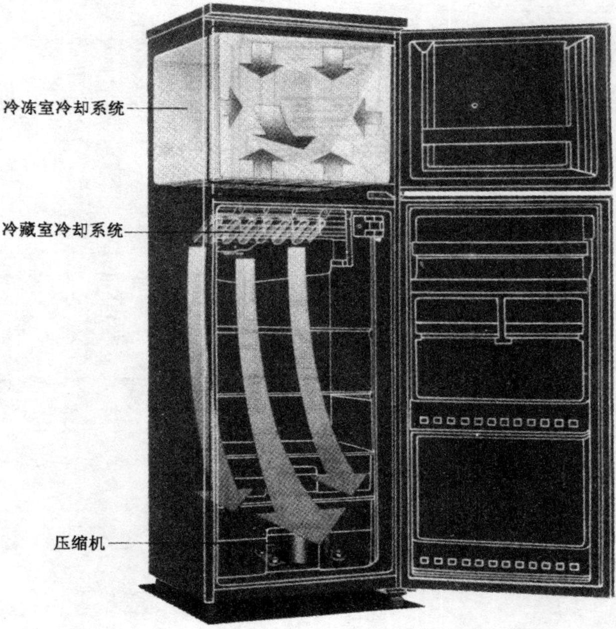

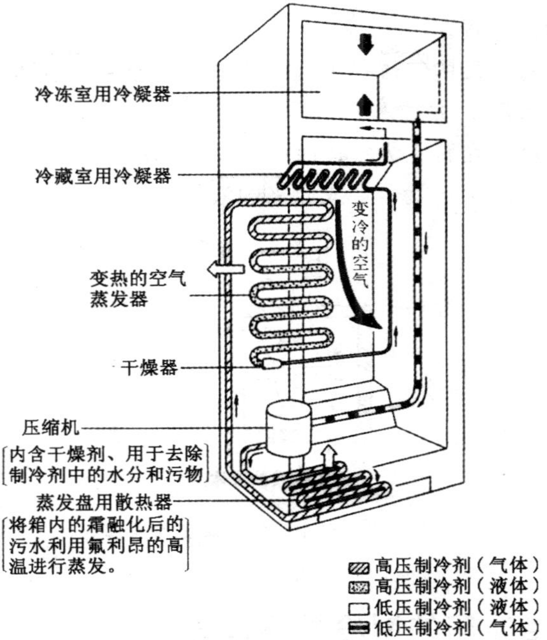

图 2-1　电冰箱的基本构造

2. 电冰箱的基本工作原理

液体在蒸发时会吸收周围的热量，电冰箱就是采用了这个基本原理设计和制造出来的。

如图 2-2 所示，在箱内放入瓶子，瓶内注入容易蒸发的液体。由于液体在蒸发时会吸收箱内的热量，这时如在箱子周围装入隔热材料，其内部的温度就会徒然下降。这个液体我们称为“制冷剂”，由于它使能箱子内的热量“抽取”出来并转移到箱外，而使箱子结冰成为“冰箱”。因此，与普通人的感觉完全不同，电冰箱并不是“制造冷气的机器”，而是一种用来吸收食品中的热量的装置。

如果将蒸发的气体集中起来使其变回原来的液体，就可保持箱内持续低温。

由于液体在转变为气体时吸收了周围的热量，相反如果将气体内的热量除去，就会变成原来的液体。

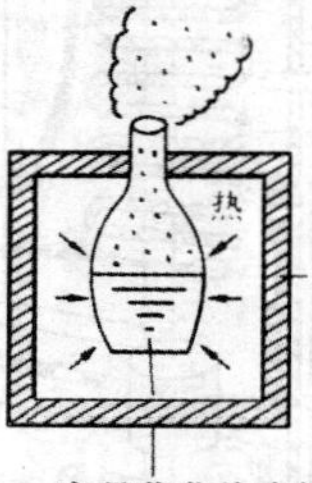

图 2-2　电冰箱的基本工作原理

3. 电冰箱的制冷循环过程

为了实现制冷剂不断地重复同一个制冷循环，电冰箱通过压缩机、冷凝器、蒸发器和一系列的管路保证了制冷剂的流动和工作。这是一个通过压缩、液化、膨胀、蒸发四阶段的循环往复过程，将气体→液体→气体→……进行转化，从而达到制冷的目的的装置（请参照图 2-3）。

制冷剂储存在电冰箱的专用容器中。当电冰箱开始运转时，电动机带动压缩机开始工作，吸入处于低压和常温状态下的制冷剂蒸气，将其压缩成为高温高压（10 几个大气压）的蒸气。

这些处于高温高压状态下的制冷剂蒸气离开压缩机后被送往冷凝器。冷凝器是一种被多次弯曲的管子，称为“蛇形管”，一般是被安装在电冰箱背后（平背式）。由于进入冷凝器的制冷剂蒸气的温度比室温要高，热量就通过蛇形管的管壁向外散发，这样制冷剂蒸气的温度就降低了，并从气态冷凝为液态，随后它离开冷凝器流向蒸发器。蒸发器由另一个蛇形管构成，同电冰箱的内部接触。这个蛇形管比冷凝器的蛇形管要细一些，因此制冷剂的流动速度就加快了，随之而来的就是压力骤然下降。

由于在蒸发器中压力急剧降低，制冷剂便剧烈蒸发，从液态变为气态，伴随这一过程的是温度降低。由于热量总是从较热的物体向较冷的物体上转移，所以电冰箱中较热的食物就将热量转移到流动着制冷剂气体的蛇形管上，达到了制冷的目的。

上述过程完成之后，制冷剂气体又“整装待发”，以便重新被压缩机“吸收”，从而开始下一个循环过程。

电冰箱的制冷剂除了 R12 氟利昂（主要成分是二氯二氟甲烷，现已逐渐被淘汰）等之外，主要还有 R600a、R-134a、R-404A、R-410A 等环保型的制冷剂（在电冰箱的铭牌上都有标注），但它们制冷的原理是一样的。

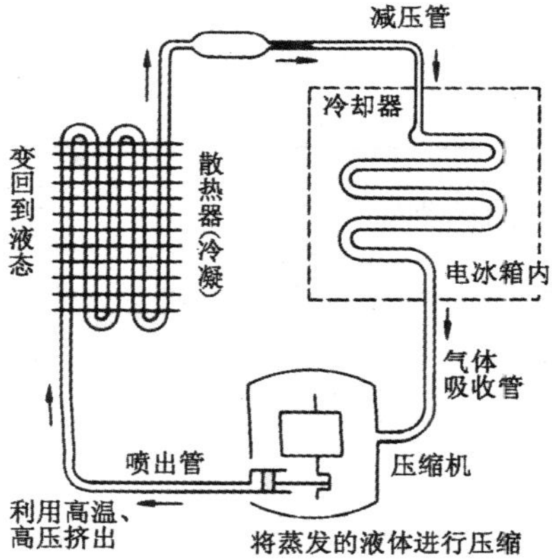

图 2-3 电冰箱制冷过程的示意图

（二）种类与选择

1. 电冰箱的种类

下面将一般家用电冰箱按照功能、外形、冷却方式、安装状态进行分类。

表 2-1 电冰箱的种类

<table>
<tr><th>功能</th><th colspan="3">外形</th><th>冷却方法</th><th>安装状态</th></tr>
<tr><td>冰冷冷藏库</td><td colspan="2">单门式</td><td>立式</td><td>冷气强制循环方式（间接制冷式）</td><td>自然放置式</td></tr>
<tr><td>冷藏库</td><td colspan="2">双门式</td><td rowspan="3">卧式</td><td>冷气自然对流方式（直冷式）</td><td>平背式</td></tr>
<tr><td>冷冻冷藏库</td><td>三门式</td><td>顶部蒸发器
底部蒸发器
侧面蒸发器</td><td rowspan="2">冷气强制循环、自然对流并用方式（直间并用式）</td><td rowspan="2">内装式</td></tr>
<tr><td>冷冻库</td><td colspan="2">多门式</td></tr>
</table>

（1）各种功能的区别

①冰冷冷藏库。冰冷冷藏库每天需要冰块，缺点是冷却力小、不能贮藏冷冻食品。

②冷藏库。冷藏库不能贮藏冷冻食品，可以制冰，适用于人口少的家庭及宾馆。

③冷冻冷藏库。冷冻冷藏库现已普及成为家庭用电冰箱的主要模式。

④冷冻库。适用于需要贮藏大量冷冻食品的家庭。

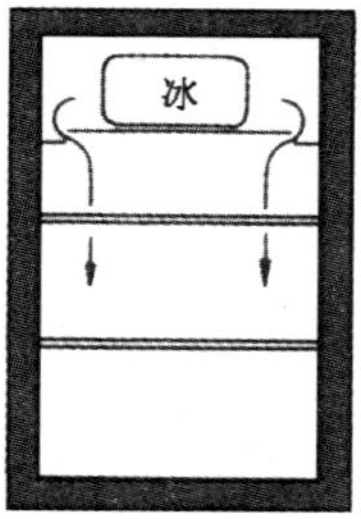

图 2-4　冰冷冷藏库

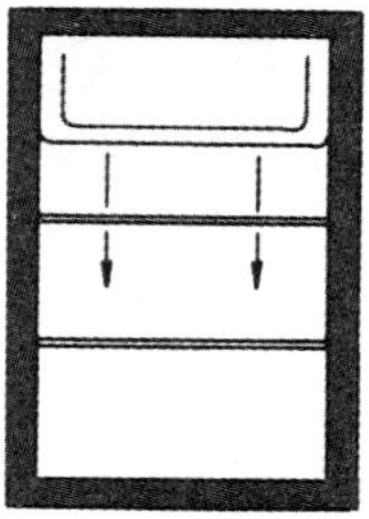

图 2-5　冷藏库

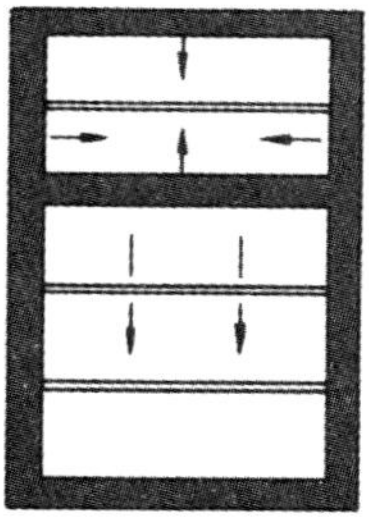

图2-6　冷冻冷藏库

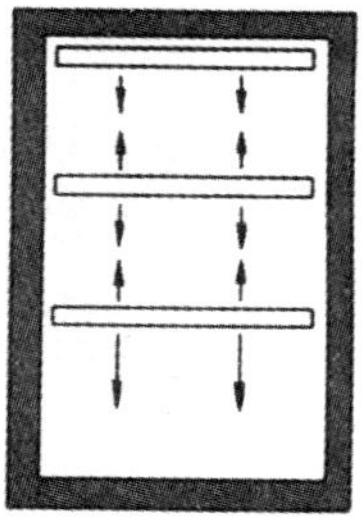

图 2-7　冷冻库

(2) 外形类型

①单门式电冰箱。
②双门式电冰箱。
③三门式电冰箱。
④多门式电冰箱。

图 2-8 单门式电冰箱

图 2-9 双门式电冰箱

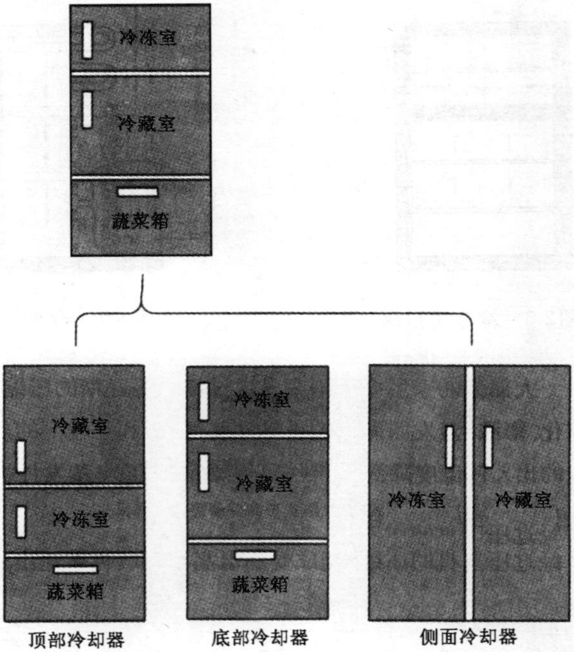

图 2-10 三门式电冰箱

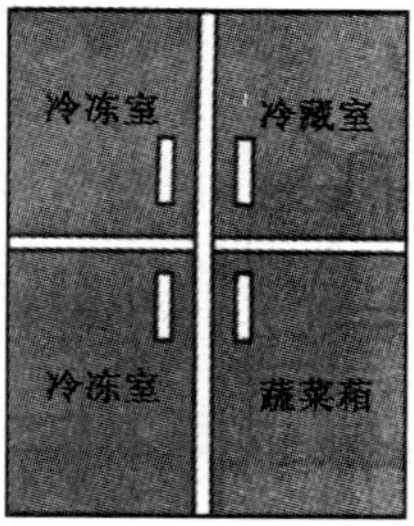

图 2-11　多门式电冰箱

(3) 各种冷却方法

①直冷式电冰箱。直冷式电冰箱冷藏室、冷冻室分别装设蒸发器，利用直接的热传导，自然对流进行冷却。冷冻室除霜可用手动（发热器），3～4 个月 1 次，冷藏室可定期进行自动除霜。其优点是：

由于不使用风扇马达或除霜用发热器，可减少耗电量；

由于直接冷却，冷冻制冰速度快；

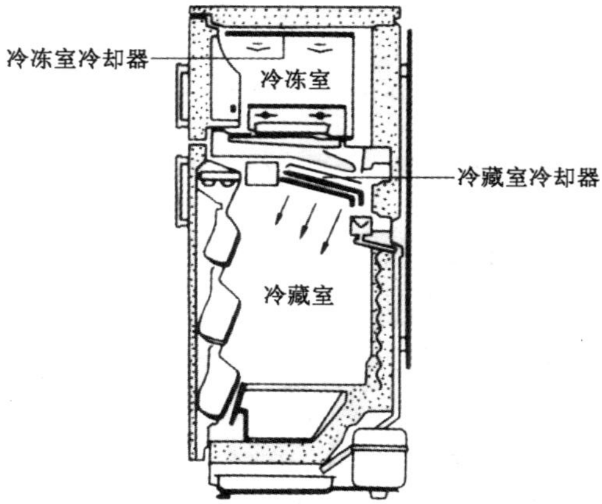

图 2-12　直冷式电冰箱

各箱分别使用，不会使食品味道互相传染。

②间接冷却式电冰箱。间接冷却式电冰箱给一个蒸发器强制吹风，使用蒸发器出来的风进行冷却。冷藏温度的控制，由自动风闸调节风量而进行的。除霜是使用定时器，在一定时间内由发热器进行的。

其优点是冷藏室冷却速度快，温度分布均匀，看不到结霜。

其缺点是冷冻速度较慢，耗电量大。除霜时冷冻室的温度也随之上升。

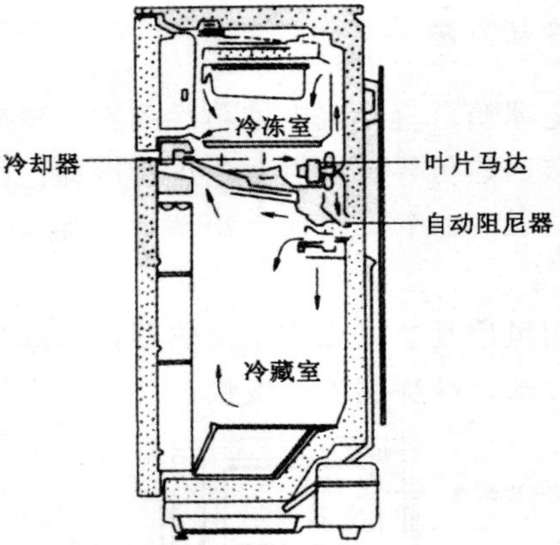

图 2-13　间接冷却式电冰箱

③直接间接并用式电冰箱。直接间接并用式电冰箱装有主要蒸发器（间接冷却式）和快速蒸发器（直冷式）二个蒸发器，具有直冷式和间接冷却式两方面的优点。快速蒸发器冷冻速度快，可以制冰，而且根据水分升华的原理，没有结霜现象。主要蒸发器可进行自动除霜，由于恰当的控制，使冷冻室温度上升较小。复杂的控制都是使用电子装置进行的。具有直接冷却式和间接冷却式两方面的优点。

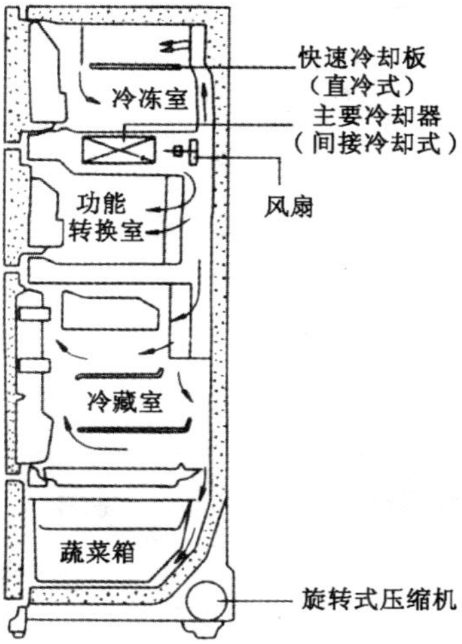

图 2-14　直接间接并用式电冰箱

2. 电冰箱容量的选择

在电冰箱的选择问题上，大部分面临的是容量的选择。

电冰箱并不是越大越好，也不是低功耗的就一定好，而是要根据家庭的需要，选择合适的容量。一般来说，每人所使用的电冰箱容量为 70～80 升。但随着生活水平的提高以及生活方式的改变，人们对于电冰箱容量的要求越来越大，特别是冷冻室，选择时要结合自己家庭的实际情况以及生活方式来考虑。

电冰箱容积 250 升以下比较适合单身或两口之家使用，一两天就买菜一次，一日三餐都在家里吃，并且家庭居住环境比较小的用户选购。

电冰箱容量 250～300 升适合三五口之家使用，平时工作都比较忙碌，又讲究营养，中午基本不回家吃饭，不经常买菜，一周买菜一两次，居住环境比较宽敞。

电冰箱容量 300 升以上对于家庭人口较多，讲究营养，对生活品质要求比较高，喜欢社交、家庭聚会，居住环境非常宽敞的用户适合选择这样的电冰箱。

（三）正确的使用方法

1. 正确有效地使用电冰箱

①放入食品时最好写上日期。食品何时放入冷冻、冷藏室往往会被忘记，如果在保鲜纸上记好日期，便可知道该食品的鲜度如何。

②不要过于相信电冰箱的作用。虽然低温保存可以延长腐烂变质的速度，但并没有杀菌防腐功能，因此不能过于相信电冰箱的作用。

食物不可生熟混放在一起，以保持卫生。

最好一星期进行一次电冰箱内食品的检查和清扫，养成经常更换食品的习惯，是经济有效地使用电冰箱的必要条件。

③新鲜的瓜果不可以剖开存放在冷藏箱内。例如香蕉、柠檬、南瓜、黄瓜、白薯等。这些食品的水分会被抽干。

④手操式的电冰箱要注意经常除霜，这样不仅可以提高冷却效果，还可保持电冰箱内部的清洁。

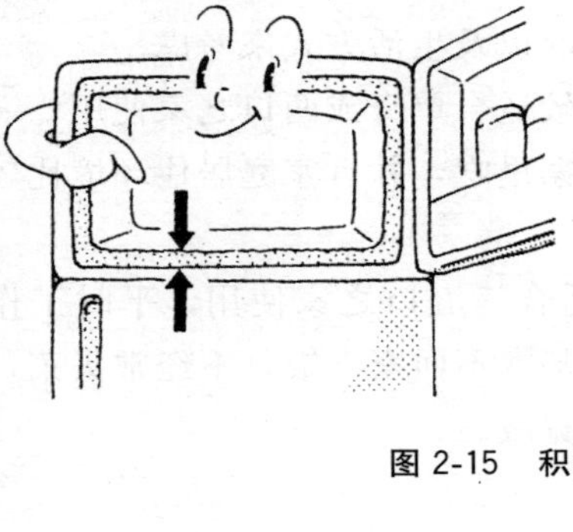

●单温度电冰箱约 5 毫米
●冷冻室约 10 毫米
●冷冻库约 10 毫米

图 2-15 积霜标准

⑤当预告停电时，采取下列方法，可使内部食品温度上升较少。

将温度调节器调到“强”点，使食品充分冷却。

放入新的食品会使箱内温度升高，尽量暂时不要放入。

如果将冰块放在容器里放入冷藏室上部的食品架上，可使温度上升减缓。

⑥停电时尽量减少电冰箱的开门次数。即使在夏天，2 小时左右的停电，对贮藏的食品也基本上没有影响。

⑦制冰容器内水位线放在八成左右时，卸冰比较容易。

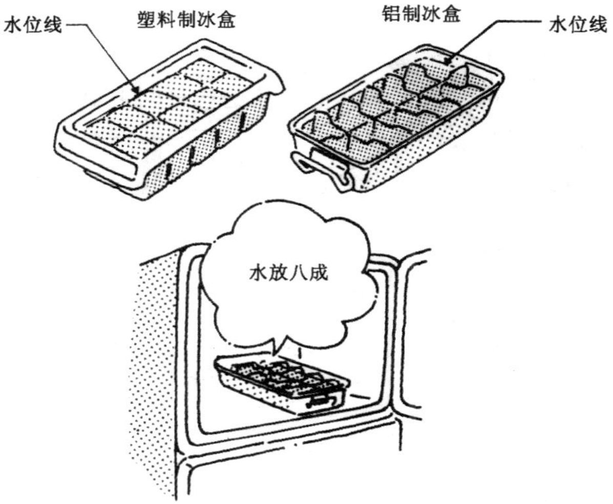

图 2-16　制冰

⑧要想快速制冰，请将容器放在紧贴蒸发器的面上。

⑨对于鱼类的贮藏，要将鱼的内脏、鱼鳃、鱼鳞去掉，用清水洗净，可保存时间长久。如鱼类需要保存 2～3 天时，请先放在冷冻室内贮藏。

图 2-17　鱼类贮藏

⑩有强烈气味的食品（如葱、蒜、鱼）不可以未经塑料薄膜包封就装入电冰箱，以影响其他食品的质量与贮藏效果。按食物存放时间、温度要求，合理利用箱内空间。

将食品放在塑料袋或密封容器内贮藏，还可防止水分被抽干和串味。

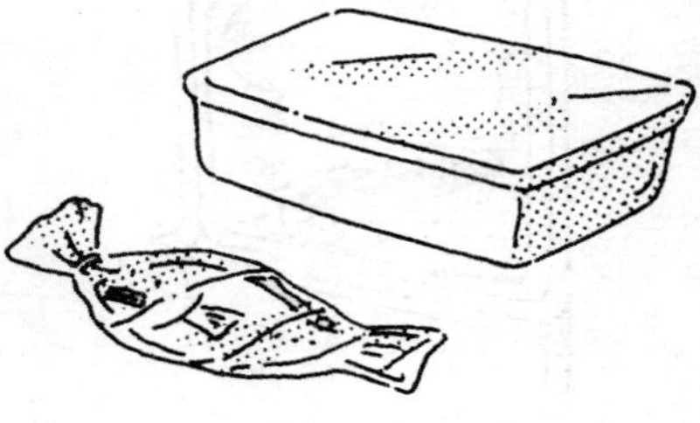

图 2-18　包装好食品

⑪已腐败、变质的食品不可以再放入电冰箱。

2. 食物的分类保鲜

电冰箱内的食物贮藏时间是有限的，超过贮藏期限，食物也会失去保鲜意义，并易于变质。因此，了解各种食物在电冰箱内贮藏的期限十分重要。现分别介绍如下，以供参考。

①蛋品。带壳蛋在中格限期4～5周；蛋白在中格限期一周，在冰格可放至一年；蛋黄在中格限期3天，在冰格可放至一年；熟蛋在中格期限一周。

②肉类。牛肉在中格限期1～2天，冰格可放至3个月；烧烤肉在中格限期2～4天，冰格可放至一年；肉排在中格限期2～3天，冰格可放至9个月；香肠在中格限期2～3天，冰格可放至2个月；鸡肉在中格限期2～3天，在冰格可放至一年。

③鱼类。瘦鱼在中格限期1～2天，在冰格可放至6个月；肥鱼在中格限期1～2天，在冰格可放至3个月。

④奶制品。奶可在电冰箱中格限期5天；酸奶在中格限期7～10天；牛油在中格限期2周，在冰格可放至9个月。

⑤水果类。苹果在中格限期1～3周；柑橘在中格限期一周；熟桃与熟梨在中格限期1～2天，在冰格可放至半年；菠萝在中格限期1～6天，在冰格可放至一年。

⑥蔬菜类。甜菜、芹菜、胡萝卜在中格期限均为1～2周。胡萝卜在冰格可放至8个月；龙须菜在中格期限为1～2天，在冰格可放至8个月；菠菜在中格期限3～5天；洋葱在底格可放至3～4周；马铃薯在底格可放至3个月；甘薯在底格可放至2周；包装冷藏蔬菜在冰格可放8个月。

⑦其他。午餐肉在中格可放4～6天；咖啡（已开罐）在中格期限2周；花生酱在底格可放至3个月；罐头、食品在底格可放至一年。

3. 搬运注意事项

①不要将电冰箱放倒，要立式搬运。

图 2-19　保持直立

②绳索通过的地方请垫上夹板。

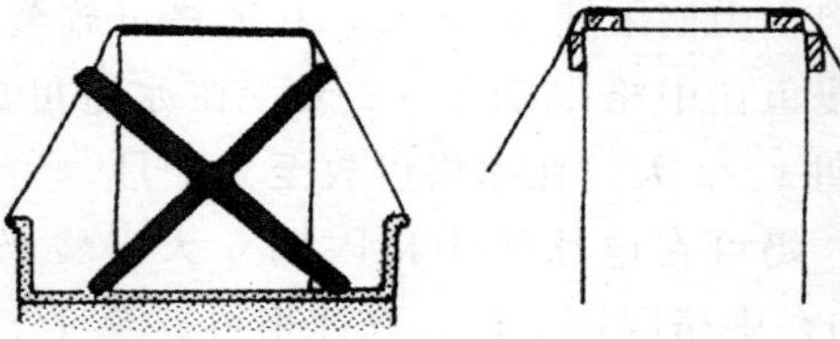

图 2-20　正确捆绑

③捆绑要牢固，不要使电冰箱在运输中翻倒或颠簸。
④为防止雨雪请盖上布单。
⑤行驶请避开颠簸幅度大、砂粒多的道路。
⑥与其他行李一齐搬运时，中间请使用夹板隔开。

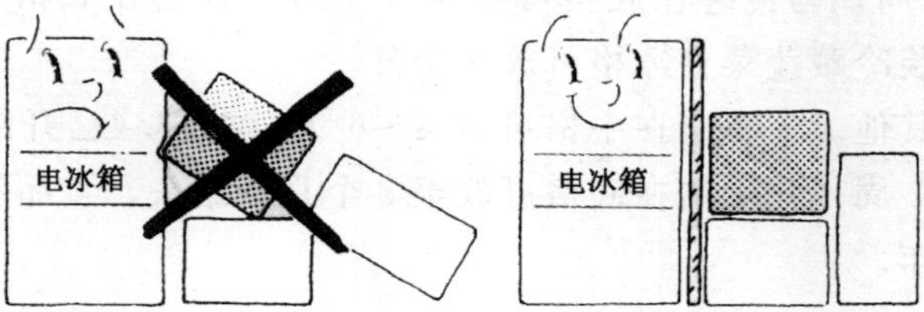

图 2-21　用夹板隔开

⑦装卸时请注意不要失落或重击。

⑧不要在地板上拖，应由两人从下抬起移动。

图 2-22　绝对不能只抓门把或手柄

⑨正在使用中或使用后的电冰箱在搬运时，应拉下电源插头，倒掉蒸发容器内的余水。

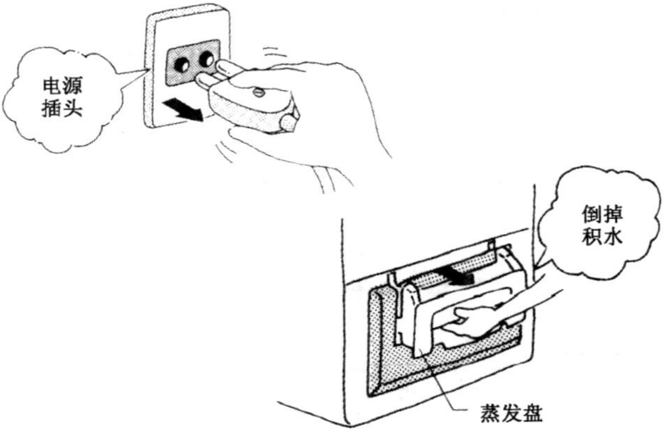

图 2-23　电冰箱搬运前的准备

⑩为防止电源的插头和电源线压伤，要固定好再搬运。电源线或插头如有损伤，会引起漏电的危险。

4. 安装注意事项

①电冰箱要安置在坚固的地板上，局部垫高会引起翻倒，非常危险。

图 2-24 重心尽量下移，保证稳定

②电冰箱要放稳，不要使其颠动，可使用垫脚，调整到水平状态，否则会成为发出怪音的原因。

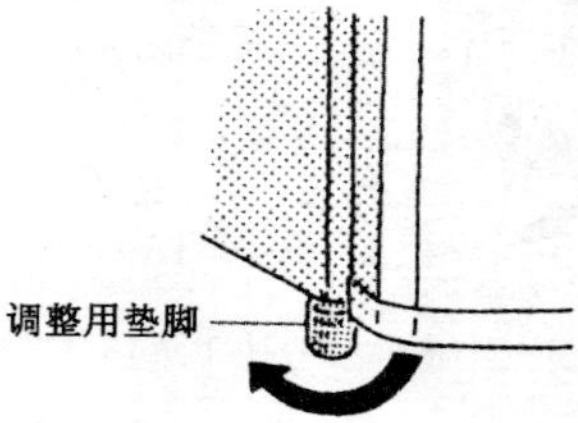

图 2-25 调整垫脚

③电源线请不要压在电冰箱下面或夹在其他物品当中，外包破损会引起漏电，电线心折断会使电冰箱停止工作。

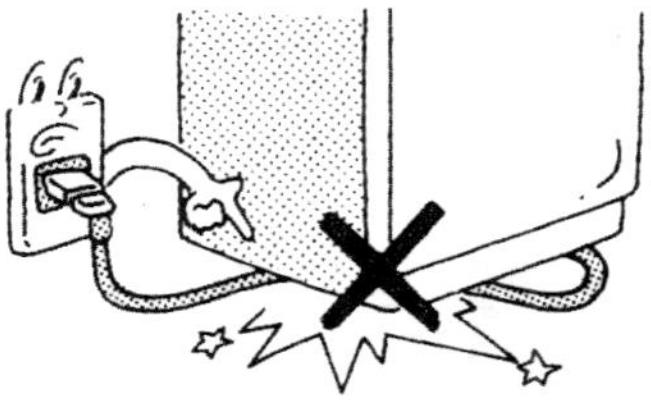

图 2-26　留心电源线

④电冰箱在放置时，它的左右、上、背面都不要和其他家具紧贴在一起，要留出一些空隙。

请参照使用说明书，否则将成为冷却功能不良和发出怪音的原因。

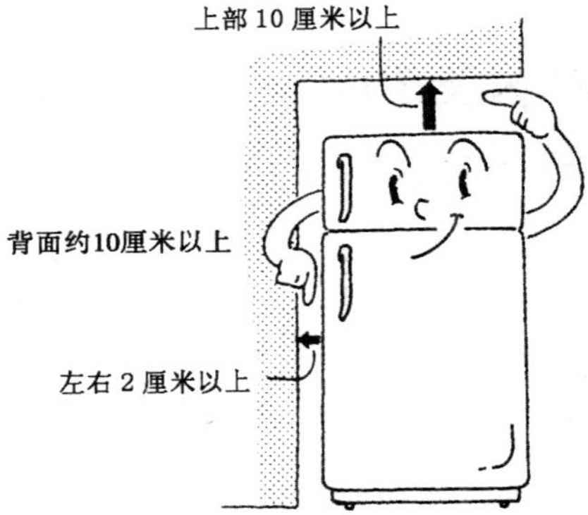

图 2-27　留够空间

⑤为安全起见，最好安装地线，尤其不是木地板的房间，安装时请使用漏电保护器。

另外，由于电冰箱内马达的运转会引起静电传导，敏感的人会感觉手麻，这时如装有地线就不会有上述现象了。

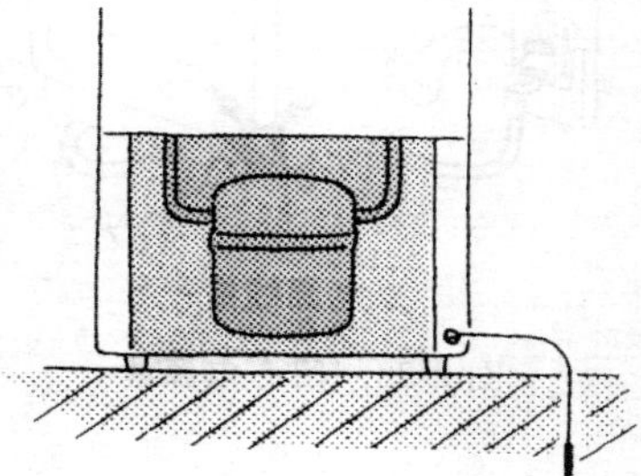

图 2-28　接地

（四）安全的使用方法

1. 电冰箱内及周围不可放置易燃品

①电冰箱内千万不要放置乙醚、汽油、酒精、液化石油气、粘着剂等具有挥发性或易燃性物品以防发生爆炸。

图 2-29　存贮食物的电冰箱不宜同时储藏化学药品

②请勿在电冰箱附近使用挥发性喷雾剂，使用涂料、油漆及类似的喷雾剂会有着火的危险。

图2-30　请勿在电冰箱附近使用挥发性喷雾剂

2. 电冰箱四周要防水

尽量避免溅水以防漏电或生锈。电源线或机器上有水时，可能会引起短路或使机器发生故障。

图 2-31　请勿把水洒在电冰箱上

3. 当发生液化石油气等泄漏时

电冰箱附近如有液化石油气等泄漏时，千万不要触动电冰箱。如果拔出电源插头或转动箱内温度刻度盘，则会因开门关门的火花引起着火或爆炸等危险。办法是：将液化石油气开关关闭，开窗通风。

图 2-32　发现煤气泄漏时

4. 冷冻室的安全禁忌

①冷冻器表面温度极低，如用手接触时可能冻坏手指。请特别注意不要让小孩触摸冷冻器。

图 2-33　冷冻室内禁放玻璃瓶

②冷冻室内请不要放入玻璃瓶等因冷冻易引起破裂的物品。

5. 旧的电冰箱的处置

用旧的电冰箱或冷冻库打算不再使用时，请不要放置在孩子玩耍的场所。为了防止万一孩子被关在里面出不来，请把合叶敲坏，或者取下电冰箱门的密封圈、用木片等粘在门缝处，使得电冰箱不能紧闭。

（五）日常的保养方法

1. 电冰箱门衬垫的清洗

菜汤和果汁都会浸蚀衬垫，如将硬纸片夹在衬垫上关门后纸片脱落下来，说明衬垫失灵，这样会导致冷气流失，增加耗电量，应进行更换。

2. 电冰箱内部箱体的清洗

食品的残渣、汤汁等留在电冰箱内，是引起怪味的原因，应该一个月清扫一次。取下内部装置可更便于清扫。

①方法：请使用中性洗涤剂或温水进行擦拭。如使用中性洗涤剂，请再用清水将洗涤剂擦净。

②要点：尤其是电冰箱衬垫的下边，最容易堆积污垢。

注意：

勿用酸、碱溶液擦洗。酸、碱溶液虽然去污能力强，但其腐蚀性太强，很容易腐蚀箱体的金属构体及其他部件。

勿用有机溶剂擦洗。有机溶剂会使电冰箱的油漆层龟裂、剥落，从而加速电冰箱的锈蚀。

勿用热水擦洗。热水会使电冰箱内其他塑料、树脂配件、附件等变形失效。

勿用水冲洗。水会引起漏电、触电、跳火、击穿、短路等事故。

勿用锐器刮除尘垢。锐器会刮伤油漆层或电器绝缘层，造成电器事故。

3. 压缩机和冷凝器的清扫

定期检查压缩机和冷凝器上的灰尘，脏了就要清扫，以免影响散热导致使用寿命缩短、电冰箱制冷效果减弱（使用完全平背设计的电冰箱不需考虑这个问题）。

注意：拉下的电源插头再度插上时，请间隔 7 分钟以上。拔下后立刻再插入会给压缩机造成负担，导致电冰箱发生故障。

4. 除冰和除霜

①除冰、除霜是日常保养的重要项目，但不可使用刮刀或螺丝刀强行除去冷冻器上的冰或霜，否则冷冻器表面易被破坏或穿孔。即使仍在保修期内，这种故障也不能免费修理。

②除霜用的排水管有时会因水垢或菜汤引起堵塞，请注意经常清扫。

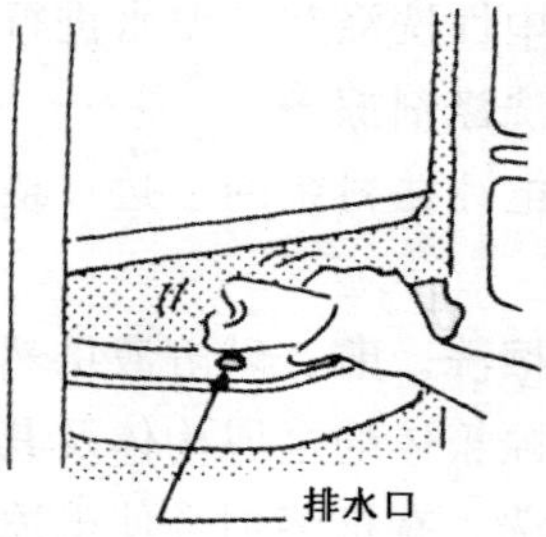

图 2-34　清扫排水口

5. 电冰箱的收藏

如长时间不使用，请拉下电源插头，将箱内清扫干净后，打开 2～3 天，使内部干燥。

图 2-35　电冰箱的收藏

(六) 怎样节省用电

①由于需要散热，请尽量放置在通风良好的场所，保证左右特别是背后留有一定的空间，一般应离墙 10 厘米以上。

②切忌把电冰箱放在阳光直射与靠近热源的地方。周围温度发生 10℃变化，会使耗电量增加 40％～50％。

③电冰箱门的开闭尽量少而快。室内温度在 30℃时，电冰箱打开 10 秒钟，箱内温度会上升 5～6℃，如打开 1～2 分钟，就会达到与室内温度相同，要注意电冰箱门是否在打开状态。

④热的食品晾凉后再放入电冰箱。热的食品放入电冰箱后，会使内部温度上升，要回到正常温度，会耗费更多的电量。

图 2-36　请放置在离煤气较远和不受阳光直射的场所

图 2-37　关门时需快速到位

图 2-38 热的食物绝对不能放入运转着的电冰箱内，要待冷却以后

⑤不要将食品塞满电冰箱。存放食物不宜过满、过紧，要留有空隙，以利冷空气对流，减轻机组负荷，延长使用寿命，节省电量。葱头、土豆、白薯等蔬菜，未开口的罐头及大部分的密封袋装食品都可不必放入电冰箱。

⑥水果、蔬菜等水分较多的食品，用塑料袋包好后放入电冰箱，以免水分蒸发，增加除霜能耗。

⑦温度调节要适当。电冰箱内食品少的时候，将温度调节器调到强点是一种浪费。虽然冷却力加强了，但同时也增加了耗电量。

盛夏时节，冷藏室调到 5℃、冷冻室调到－14℃最适宜。由于晚间温度较低，有利于冷凝器散热，夏季制作冰块或冷饮应安排在晚间。

（七）疑问解答

1. 刚安装好的电冰箱不能立即制冷，是否为故障

并非故障，因为刚安装好时或因停电等事故而一旦停电再导通时，箱内温度与室温相同，要使电冰箱内部完全冷却，必须连续运转 9～14 小时。等箱内温度一稳定就进入控制运转。

另外，初次冷冻时约需 5 个小时。所以食品等最好在电冰箱安装 3 个小时后再放入。

2. 电冰箱内温度是怎样分布的

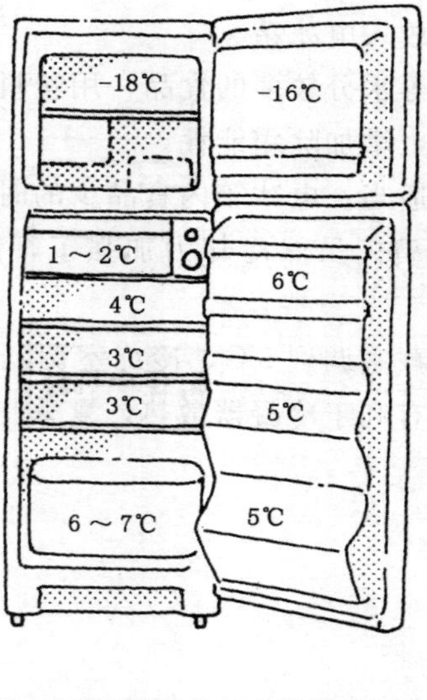

图 2-39　双门直冷式电冰箱箱内温度分布

双门直冷式电冰箱箱内的温度分布情况如图 2-39 所示，但它随使用状态（箱内食品量等）而变化，这个温度的测定条件如下：

表 2-2 双门直冷式电冰箱箱内温度测定条件

项目	要求
室温	30℃
箱内容量	35％
电冰箱门状态	无开关门
冷冻室和冷藏室温度调节盘位置	“通常运转”（4～5）

3. 有没有简单实用的测定箱内温度的方法

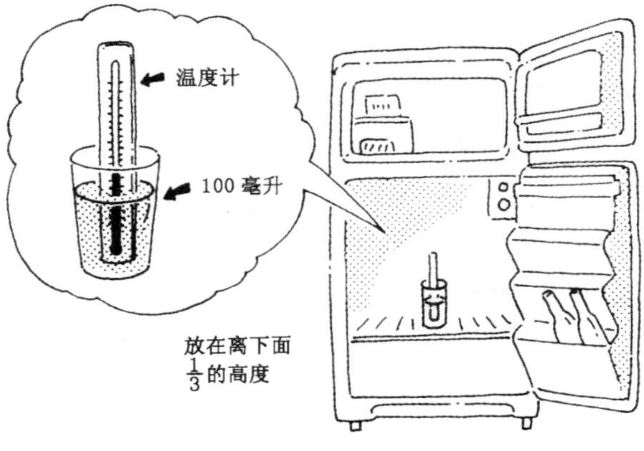

图 2-40 箱内温度简单测定法

作为一种粗略估测，可使用温度计。由于无法将温度计与食品紧密接触，所以所示温度不一定与食品温度一致。

将温度计插入盛满水的杯中，把它置于电冰箱的从下算起 1/3 的高度隔架的正中，可在临睡前放好，次日晨取出观察，可测出与正确值差不多的温度值来。

4. 刚买的电冰箱，电机总不停，是否为故障

电冰箱是按一年四季在箱内维持一定的温度（适宜温度）而设计的。新冰箱插上电源后，由于箱内与室内温度相同，所以要达到适宜温度空箱需 3～5 小时，夏季要用 6～7 小时。其间电机持续转动，并非故障。当达到适宜温度时将自动停止转动。另外，开关门或外界温度上升引起箱内温度升高时，为维持适宜温度，电机自动开始转动。为使电机停转而拉下电源会使库内温度回升，所以应使电源保持接通状态。

5. 冷却力不够是否为故障

①电冰箱门是否开关次数过多或长时间打开着？

②食品是不是放得太多，或者在食品架上放了过大的容器，造成冷气的循环不良。

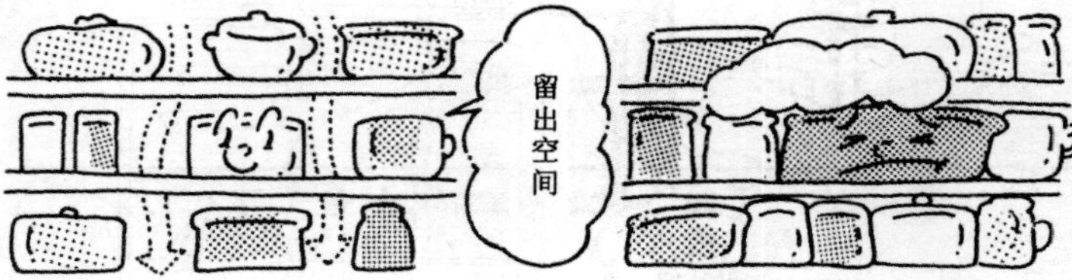

图 2-41　正确摆放食品

③外部温度（室温）是不是较低？有时箱内温度调整到 3℃ 时，由于室温的下降，温差较小，会使人误认为冷却力不够。

电冰箱内温度测定方法：请在杯子里放入约 100 毫升的水，在水里插入温度计后放入箱内的中心部。中途不需打开电冰箱时过 2～3 小时，需打开时过 6～8 小时以上，即可测出其温度。

④是否受到阳光直射或周围有煤气灶或炉子等热源？请在电冰箱与热源之间拉开一定距离。

⑤箱门是否关闭严紧？

⑥温度调整旋钮是否打在“弱”点上？请调到“强”点上。

⑦是不是积霜过多？请进行除霜。

6. 完全不冷却是否为故障

①是不是停电？

②电源插头是不是没有插上？

③保险丝或开关是不是断了？

④电源电压是否降得过低？

图 2-42　首先检查电源

7. 电冰箱外壳发热正常吗

由于采用了平背方式和清洁冷凝管方式，开始使用时或周围温度较高时，电冰箱的背面、前面和上面周围都会感觉发热，但这不是异常，也不会对食品产生影响。有时会产生比室外温度高10℃的情况。

平背方式，就是将冷凝器安装在电冰箱机壳内部的背面和上部，通过背面和上面进行散热的方式。

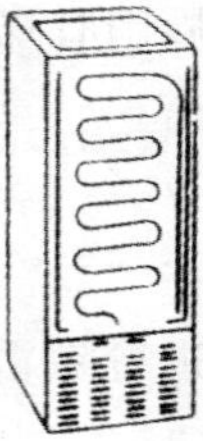

图 2-43　平背式电冰箱

清洁冷凝管方式，就是在电冰箱正面内部安装了部分冷凝器，并通过有效利用其散发的热量，防止这部分的结霜。

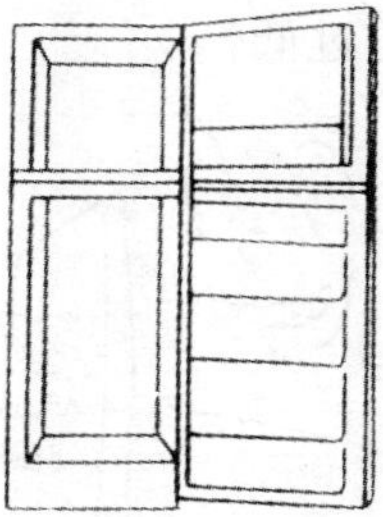

图 2-44　清洁冷凝管

8. 冷冻室出现结霜正常吗

①任何电冰箱的蒸发器都会结霜。蒸发器的温度较低，箱内空气中的蒸气和食品蒸发的水分都会变成蒸发器上的霜。

直冷式电冰箱由于可以看到蒸发器，因此也可以看见结霜，但间接冷却式电冰箱看不到蒸发器，所以很容易积霜。

②冷冻室的顶部靠前侧中央部位往往比别的地方积霜多，这不是异常现象。这是由于冷冻室内冷气正常对流的原因。

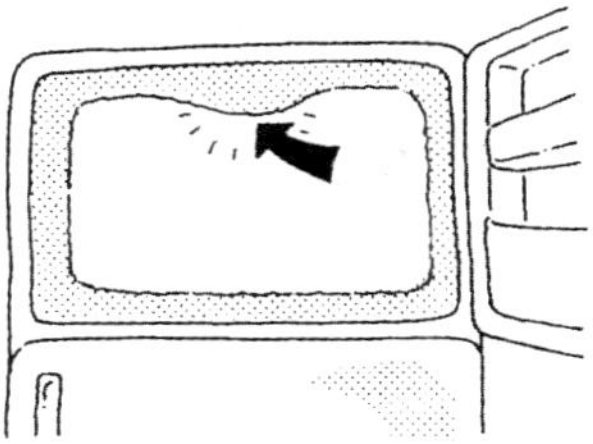

图 2-45　冷冻室顶部前侧中间积霜多些是正常现象

9. 电冰箱外壳结霜正常吗

没设有清洁冷凝管方式等防霜功能的电冰箱，在夏季等湿度大的时候，电冰箱门和外壳会有一时的结霜现象。这和在杯子里放入冷水后，外面会出现一层水气的道理相同，并不算异常现象。出现水气时请用干燥的抹布揩拭即可。

10. 电冰箱内部结霜正常吗

①电冰箱门是否开关过多或长时间打开？

②是否有水分多的食品溢出来了？

结霜时请用干布揩拭。

11. 冷藏室温度过低正常吗

根据使用条件、食品的放置位置和种类，有时会出现冻结现象。

这时可以调整一下放置位置，也可以将温度调节到您所希望的温度。

12. 声音过响是否为故障

噪音与安装的周围条件有关。

①电冰箱是否紧贴墙壁放置?

②是否放置在坚固、水平的地板上了?

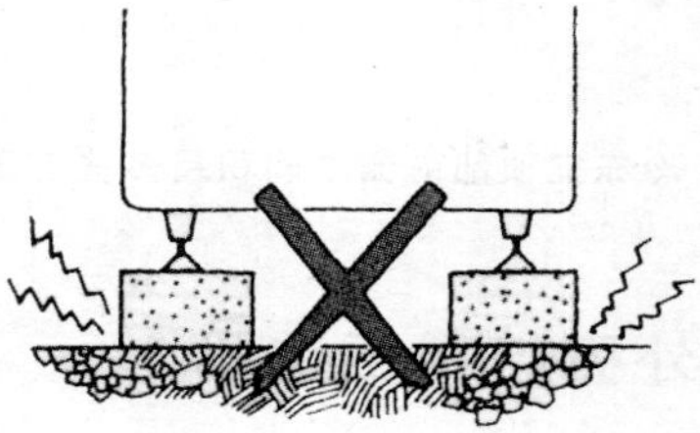

图 2-46　放置不稳定是引起振动和声音过响的原因

③蒸发气托盘是否推到最里面了?

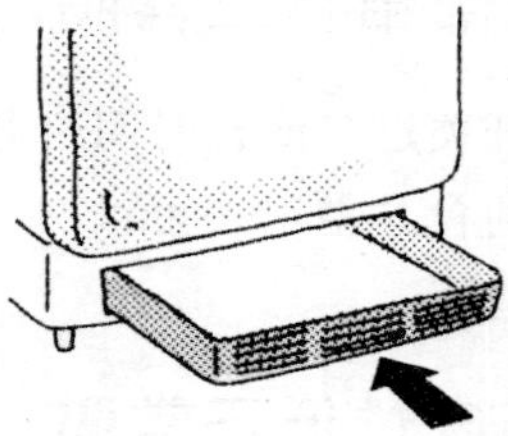

图 2-47　把蒸发气托盘安装到位

④大容量的电冰箱由于要使用大型的压缩机，声音也将相应地增大。使用强制空冷风扇时，或多或少会增大噪音，但并非异常现象。

⑤压缩机在停止运转后也会发出类似流水般的声音。这是冷却液（氟利昂）流动的声响，不是异常现象。

13. 冷藏室有怪味怎么办

如将鱼肉等有异味的食品放在冷藏室内，会和电冰箱特有的塑料味相混，发出怪味，因此请将有异味的食品用保鲜纸包好后再贮存，这样还可防止味道传染到别的食品上。

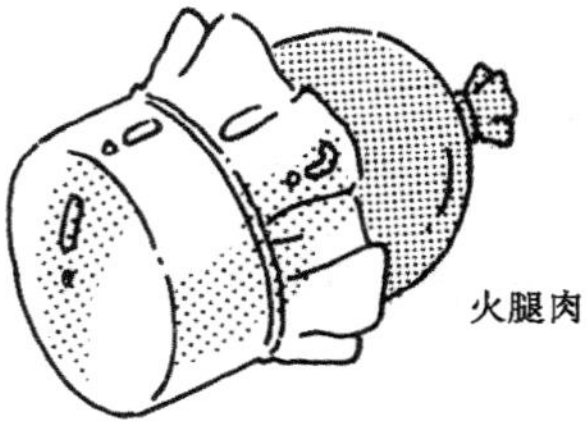

图 2-48　将有异味的食品用保鲜纸包好后再贮存

14. 箱内积水怎么办

①是不是凉水瓶或其他容器里的水流出来了？

②排水托盘等排水口是否被污垢堵塞了？

排水托盘安装在电冰箱的内侧，要经常取出打扫。如果排水托盘发生堵塞，箱内就会出现漏水。拆卸方法：

将上面的食品架拉出来；

将排水托盘向前拉动就可取下来。

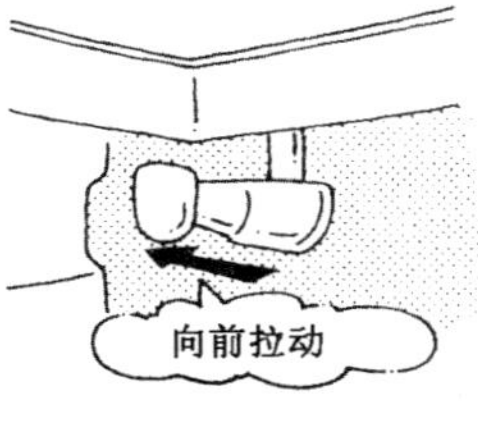

图 2-49　将排水托盘向前拉动

图 2-50 清扫后一定将排水托盘和食品架安装成原来的样子

15. 地板积水怎么办

蒸气托盘是否插在规定的位置上了？检查，排除。

三、洗衣机的使用须知

在现在的城乡家庭里，双缸式洗衣机、全自动波轮式洗衣机、全自动滚筒式洗衣机是“老、中、青”三代共存，其构造和使用各有特点，现介绍如下。

（一）构造与原理

1. 双缸式洗衣机

双缸式洗衣机由洗涤部分和离心脱水器部分组成。各部分装有自己的电动机。

离心脱水器是一个带有许多孔的桶（脱水桶），对放入桶内

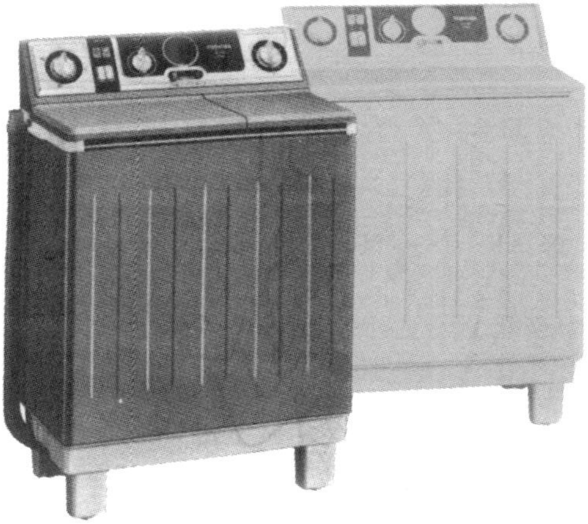

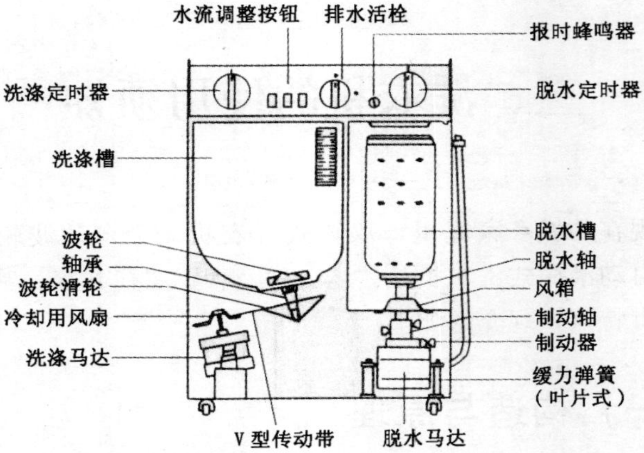

图 3-1　双缸式洗衣机构造

的带水衣物进行高速旋转，利用旋转时产生的强大离心力使衣物上的水分被甩干。

2. 全自动波轮式洗衣机

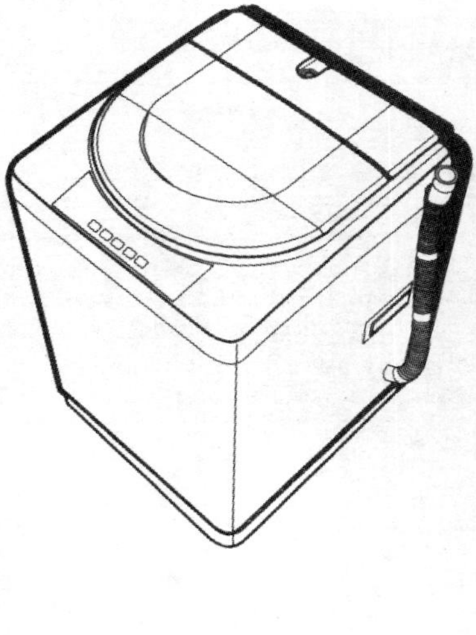

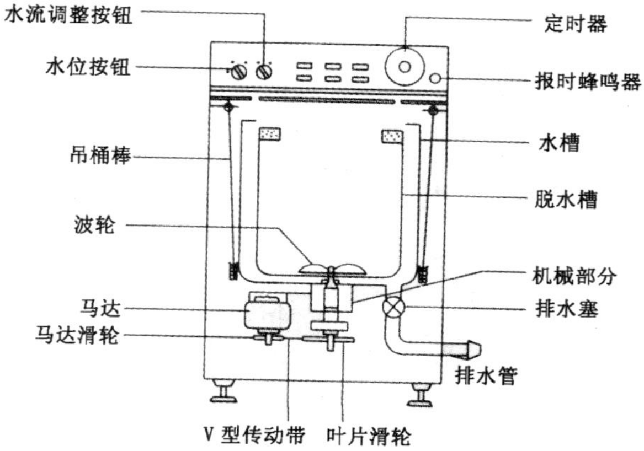

图 3-2　全自动波轮式洗衣机构造

洗衣桶呈双层重叠，内侧的槽既做洗涤用又做脱水用。

内侧的桶在洗涤时成静止状态。通过底部安装的波轮的旋转达到洗涤效果。脱水时内侧的桶进行旋转起到脱水作用。

3. 全自动滚筒式洗衣机

全自动滚筒式洗衣机的基本结构主要由不锈钢内桶，机械程序控制器，经过磷化、电泳、喷涂三重保护的外壳，和用于平衡滚筒式旋转时产生的巨大离心力的平衡块组成。

图 3-3　全自动滚筒式洗衣机

（二）种类与选择

1. 洗衣机的类型特点

（1）双缸洗衣机的特点

优点：增加甩干功能，大大节省人力。相比全自动洗衣机还是便宜很多。

缺点：耗时、耗电、噪音、节水性差。

适合洗涤衣物：床单、被罩、窗帘以及一年四季的日常衣物。

(2) 全自动波轮式洗衣机的特点

优点：微电脑控制洗衣及甩干功能、省时省力。

缺点：耗电、耗水、衣物易缠绕、清洁性不佳，相比之下比较贵。

适合洗涤衣物：除需要特别洗涤之外的所有衣物。

波轮式洗衣机流行于日本、中国、东南亚等地。

(3) 全自动滚筒式洗衣机的特点

优点：微电脑控制所有功能，清洁性好，衣物无缠绕。由于结构部件都属于金属类的部件，一般比塑胶波轮式洗衣机的要长寿，正常工作可以达到15～20年，而一般的洗衣机工作寿命才8～10年。

缺点：耗时，而且多数型号一旦关上门，洗衣过程中无法打开。

适合洗涤衣物：羊毛、羊绒以及丝绸、纯毛类织物。

流行于欧洲、南美等穿毛、棉为主的地区，几乎100%的家庭使用的都是滚筒式洗衣机。

2. 洗衣机的选购

使用洗衣机就是图个方便省力，比如购买双缸洗衣机的人现在已经是越来越少了，因此波轮式和滚筒式洗衣机将成为市场的主流。选购洗衣机要从发展趋势和自身需要上考虑。

(1) 洗衣机的发展趋势

①高度自动化。现在洗衣机越来越高度自动化，只要衣服放入洗衣机，简单地按两个键，就会自动注水，一些先进的电脑控制洗衣机，还能自动地感觉衣物的重量，自动地添加适合的水量

和洗涤剂，自动地设置洗涤的时间和洗涤的力度，洗涤完以后自动地漂洗甩干。更有些滚筒式洗衣机还会将衣物烘干，整个洗衣的过程完成以后还会用动听的音乐声提醒用户，用户可以在洗衣的过程做其他的事，节省了不少的时间。总之，每一项技术的进步都极大地推动了洗衣过程自动化程度的提高。

②健康化。现代人对健康格外地重视，对洗衣机也提出了更高的要求。因此，有的洗衣机厂家采用材质高级的内桶，减少污垢附着；有的洗衣机设置有改进型漂洗程序，彻底漂净衣物上残留的洗涤剂，防止对人体的侵害；还有一些洗衣机采用臭氧进行杀菌，达到彻底灭菌的目的。

③节能化。节能也是用户选择洗衣机时要考虑的问题。有些洗衣机具有洗涤剂循环利用系统，可以将在外桶到排水泵之间浓度较高的洗涤剂通过循环水流带回外桶内，循环使用可以节约20％的洗涤剂。有的洗衣机采用专利的无孔内桶省水，普通的波轮式洗衣机在注水的时候，内桶与外桶之间也有大量的水，洗涤的时候内桶外的水就浪费了，而无孔内桶只有内桶有水，这样可以充分地利用洗衣机内的水，注水的时候比其他洗衣机少使用40％的水量，同时也可以节省洗涤剂和省电。

④大容量和微型化。现代人居家总希望有宽敞的空间，因此各厂家都推出了超小型或超薄型的洗衣机，满足了人们对占地空间的要求。

⑤品种多样化。从洗涤形式上分波轮式、滚筒式洗衣机，从洗涤容量上自 2 公斤到 7 公斤有很多等级，高中低档洗衣机在功能上，还有很多不同，品种多样化的洗衣机满足了不同偏好的消费者的需求。

(2) 洗衣机的挑选原则

具体地说，洗衣机可以朝着使用更方便、更加节能、更具个性化的方向进行选择。

①可根据实用性出发，从价格和功能上考虑，波轮式全自动洗衣机出现较早，技术上比较完善，价格要低一些；而滚筒式洗衣机功能上比波轮式更好一些，价格更适合较高收入的家庭。

②洗衣机在家庭中不仅有实用功能，还要求外观形状新颖、美观、大方和结构精巧，能有一定的装饰作用。

③性能是用户最为关心的问题。选购时一定要把额定输入功率、额定洗涤容量、标准水量、整机重量等几个重要参数做个了解。洗涤容量为 5.2 公斤的较适合 3～4 人的一般家庭使用。对于洗衣烘干一体机而言，烘干容量通常为洗衣容量的一半。比如洗衣容量为 7 公斤，那么烘干容量一般为 3.5 公斤。

④要求操作简便，可自动完成进水、洗涤、清洗、脱水、甩干全过程。快洗、超静等功能也是需要的。

⑤为了确保人身安全，多选择带防雷电、抗干扰、防误操作和报警功能的。

（三）正确的使用方法

1. 洗涤前的准备工作

（1）分类洗涤

尽可能地按照布料的颜色、材质、厚薄，衣物的用途、肮脏程度等分开洗涤。

①在洗涤前应小心查看衣物上的标签，看是否可以水洗、熨烫等，并根据衣物的质地，如棉织、化纤、羊毛等选择相应的洗涤程序，不可以不同衣物混洗。

②要将颜色进行分类。应尽量把新买的有色衣物分开洗涤，

看看其是否会褪色，如果是会褪色的衣服要分开洗涤。一般是先浅后深，还可以节水。

③通常情况下，质地薄软的化纤、丝绸织物，四五分钟就可洗干净，而质地较厚的棉毛织品要十来分钟才能洗净。最好是“先薄后厚”进行洗涤，不可以厚与薄混洗。厚薄分别洗也可有效缩短洗衣机的运转时间。

④内衣和外衣应该分开洗，宝宝和大人的衣服也应该分开洗。

⑤不同污渍不同洗法，不要混洗。不易清洗的汗渍，可以在洗涤时加入两三汤匙的氨水，浸泡几分钟后再搓洗一下，用清水洗净后依一般洗衣程序处理就可以轻松去除。有沾上血渍的衣服要用冷水来清洗，因为热水会使血液中的蛋白质凝固；另外，萝卜含有分解血液的成分，可以用纱布沾些萝卜泥擦拭。而下厨烹饪时衣服很容易沾上食物的油渍，这时候可以用湿毛巾沾少许柠檬汁就能清理干净。把这些沾上污渍的衣物先处理再扔进洗衣机洗涤，不但可以洗得干净也更节水节电。

(2) 防止缠结

①洗涤腈纶、混纺织品、袜子等容易形成毛团的衣物时，要将内侧翻在外面。

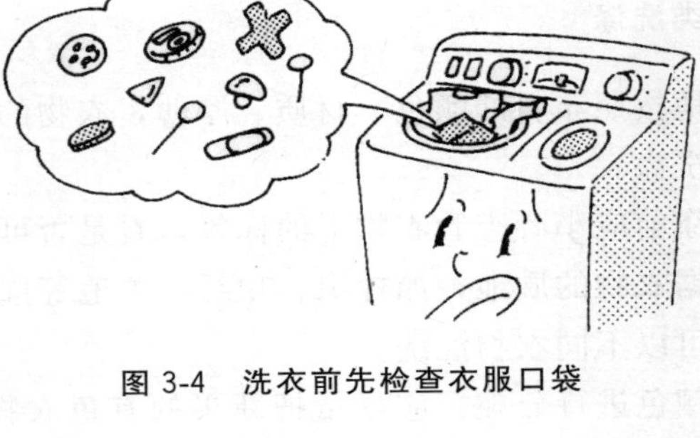

图 3-4　洗衣前先检查衣服口袋

②在洗衣前，应将衣物上的拉链拉上。细长的绳子等容易缠结的东西要归在一起，结好后再放入桶内。

(3) 避免异物损伤内桶

检查衣物，避免纽扣、别针、硬币、金属饰物等异物掉入洗衣桶内，损伤内桶。

2. 洗涤

①尽量将衣物积攒起来一齐洗，可以节约用电力、洗涤剂和自来水。

②洗衣量要遵守规定的数量，放入过多会影响旋转，不能洗涤干净。

③水量不得低于下线标记，以免电动机因负荷过重而发生过热，造成绝缘老化影响寿命。

④洗涤时间要按照规定，不要过长，不仅耗费电量而且会损伤布料。若长时间运转则可能发生异常（有烧焦味等），须立即停止运转并拔掉电源插头，请尽快与当地服务站或经销商联系。

⑤洗涤剂也要根据规定的量不可过多。洗衣粉用量过多会引起粘上洗衣粉滓或黄斑，而且造成用水和用电的浪费。

⑥比较脏的地方事先用手搓干净再洗涤效果更佳。

⑦用热水洗涤时温度不宜过高，一般以 40℃ 为宜，最高也不应超过 60℃，以免烫坏洗衣桶或造成塑料老化、变形。

3. 漂洗

①漂洗前先脱水 0.5～1 分钟，以便将洗涤液、污垢甩掉，提高漂洗效果，减少漂洗用水量。

②存水漂洗比注水漂洗可节省大量用水。

4. 脱水

①衣物往脱水桶内放衣物时，应将吸水量大、质地厚实的衣物放在脱水桶底部，薄衣物放在上面。尽量整齐，不要使其中有空隙。

②不得将衣物放偏，以防脱水桶因偏心而产生晃动，出现敲打桶壁的现象。

③务必用脱水内盖压住衣物。

④脱水时间不宜过长，每次脱水 2 分钟之内为宜。

⑤脱水结束后，应待脱水桶停止转动时再开启脱水桶外盖，且用力不要过猛，以免折断盖板铰链。

⑥具有喷淋漂洗功能的洗衣机因漂洗和脱水都是在脱水桶内进行，则应在衣物放好后盖好盖，将漂洗、脱水定时器旋至所需喷淋漂洗时间，再打开水龙头；漂洗结束（一般漂洗 3～4 分钟即可）后，关闭水龙头，再逆时针旋转喷淋、脱水定时器至脱水所需时间进行脱水。

（四）安全的使用方法

1. 必须安装地线

为防止意外触电，一定要给洗衣机安装地线。但不要安装在煤气管道上，那样非常危险。另外，由于现在许多水管已经不是镀锌管，而改用 PVC 等材料，因此也不可安装在水管上，那样达不到接地的目的。

图 3-5　安装地线

2. 不要放置在浴室内

不要为了进、排水方便而把洗衣机直接放置在浴室内，容易引起生锈，使得各处绝缘不良导致触电事故的发生。也不要放置在会淋着雨的凉台或屋檐下等场所。

图 3-6　严禁潮湿

3. 运转中不要用手接触内桶

高速旋转中的叶片、脱水桶等，如用手接触会发生意外。尤其在脱水过程中，即使转速减缓，仍会被衣物缠结造成重伤，因此在洗衣服的时候，切记要注意不要把手伸到正在运转的洗衣机里。

图 3-7　不要把手伸到正在运转的洗衣机里

4. 不要让幼龄儿童接近

曾发生过不慎掉进洗衣机而被夺去了幼小的生命等惨痛的事故。

5. 其他注意事项

①控制板上不沾水以防漏电和触电。

②打扫、检查波轮时，先拔下电源插头。

③防止高温烫伤。洗衣机在高温洗涤时，千万不要随意乱摸门玻璃。通常使用的洗涤程序，默认为 40℃，不过也有一些品牌的强力洗涤程序，其温度高达 90℃，随意触摸十分危险。

④勿用干燥洗涤液及其他特殊溶液来洗衣，也勿做沾有上述溶液的衣服的脱水。有引起火灾的危险。

⑤放入洗涤物，关上开关 15 秒之后尚未停止时，即为有故障，请马上予以修理。

⑥电压异常下降、指示灯消失时，马上切断电源。给马达加重负担是造成故障的原因。

⑦安装要平稳。尤其是全自动洗衣机，如果安装得不稳定，会发出很大的振动声响，甚至在脱水过程中安全装置会因摇摆过大而使洗衣机停止工作。可以通过调节脚钉来设置水平位置。

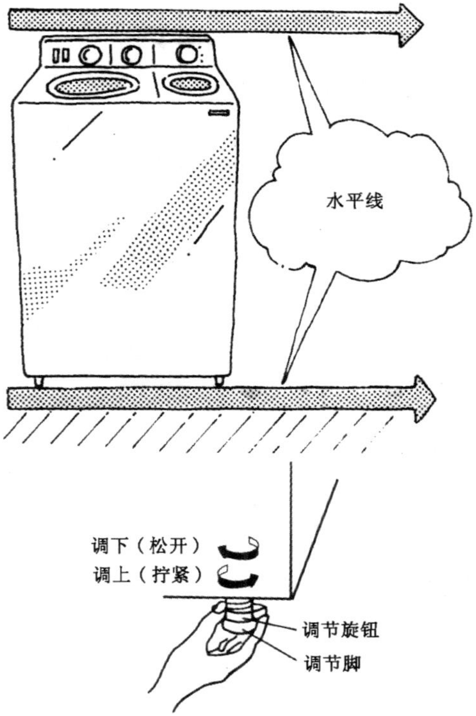

图 3-8　洗衣机的安装要平稳

（五）日常的保养方法

①每次洗完衣服后，均须清理干净丝屑过滤网。

②每次洗完衣服后用清水清洗机桶，用干布擦干水滴和积水，将操作板上的各处旋钮、按键恢复原位，排水开关指示在关闭位置，然后放置于干燥通风处。

③刷洗洗衣机时，勿用坚硬的刷子、去污粉、挥发性溶剂，以免洗衣机受损。

④一个月至少检查一次电源线。

（六）洗衣机节能妙招

1. 节约用水

同样的洗衣机，不同漂洗方法的用水量会有很大的差别，因此需要合理地设置。请参照表 3-1。

2. 强挡洗衣更省电

一般的洗衣机都有强洗和弱洗功能，许多人为了“省电”往往会选择“弱洗”功能。实际上这是一种认识上的误区，因为弱洗比强洗要更多地改变叶轮旋转方向的次数，和开停机的次数，而电机重新启动比较费电。

为了省电，洗涤前可将脏衣物浸泡 10～20 分钟，并按需选择水位及漂洗次数。比如洗涤时间设置为 5～10 分钟，脱水时间设置为 1 分钟。

表 3-1　2.2 公斤的双缸洗衣机漂洗方法与用水量的关系

漂洗过程 / 方式	洗涤 →	甩干 →	漂洗 →	甩干 →	漂洗 →	甩干	总用水量
			连续注水漂洗 或 脱水漂洗 或 存水漂洗		连续注水漂洗 或 存水漂洗		
1	● 32 升	→	连续注水漂洗 (10 分钟)23 升 +15 升 / 分钟 ×10 分钟 =173 升	→	→	●	约 205 升
2	● 32 升	●	连续注水漂洗(6 分钟)30 升 +15 升 / 分钟 ×6 分钟 =120 升（漂洗 8 分钟时 150 升）	→	→	●	约 152 升（8 分钟时用水 182 升）
3	● 32 升	●	脱水漂洗 10 升 / 分钟 ×1 分钟 =10 升 脱水桶注水 1 分钟（注水时脱水桶停转）	●	连续注水漂洗 (3 分钟)30 升 +15 升 / 分钟 ×3 分钟 =75 升（漂洗 4 分钟时 90 升）	●	约 117 升（4 分钟时用水 132 升）
4	● 32 升	●	存水漂洗 30 升	●	存水漂洗 30 升	●	约 92 升

（七）疑问解答

1. 漂洗方法有几种

漂洗方法有“存水漂洗”和“注水漂洗”两种。这两种方法的用水量大为不同。不过，进行两次三分钟的存水漂洗和六分钟的注水漂洗效果基本相同。再多洗的话，两种方法都不会再有什么更好的漂洗效果。

2. 漂洗前脱水是不是可以节省用水量

是的。漂洗前脱水与不脱水的用水量相差 30～40 升。漂洗是将浸透进衣服里的洗涤液挤出的过程。是除泡脱水还是不除泡脱水，从漂洗一开始时洗衣粉浓度就有如下的不同。

表 3-2　除泡脱水、不除泡脱水的洗衣粉浓度比较（容量 2.5 公斤时）

	除泡脱水	非除泡脱水
脱水率	约 50%（脱水）	约 26%（仅自然排水）
残留洗涤液（含有洗衣粉）	约 2.5 升（约 3.5 克）	约 7 升（约 9.8 克）
漂洗开始时洗衣粉浓度	0.0108%	0.0265%

3. 洗衣粉、水、机械作用三者有什么样的关系

洗衣粉的主要成分——界面活性剂有以下三个作用：

①浸透作用。界面活性剂能降低水的表面张力，浸透到仅有水的时候所到不了的地方。

②乳化作用。正如“水油不相容”的俗语所说，水和油本来

是难以混合的，但界面活性剂具有亲油性部分和亲水性部分，前者与污物相吸，后者与水分子相吸。也就是说，界面活性剂发挥了促使水油友好结合的作用，以包覆污迹的形式悬浮在水中。

③分散防止再污染作用。如前所述，污物表面为界面活性剂所包覆，与此同时，纤维表面也有界面活性剂像一层薄膜似的覆盖着，以防止污物再黏上。而且，将污物分割得更小，安定地分散在水中。

洗衣粉泡泡不要太多，滚筒式洗衣机一定要用低泡、高去污力的洗衣粉，较脏的衣物最好加热洗涤。一方面，可以选择低泡、适合机洗的洗涤剂，低泡洗涤剂在洗涤过程中产生的泡沫少，清除泡沫快，可减少漂洗次数，省水、省电。夏天衣服脏污程度不高，可以适当少放洗涤剂，也可以减少漂洗次数。另一方面，也可以先浸后洗，洗涤前，先将衣物在洗衣粉溶液中浸泡10～14分钟，让洗涤剂对衣服上的污垢起作用，然后再洗涤，这样就可以调节到快洗，减少洗涤时间，节省电能。

很多朋友在使用洗衣机时，通常会放置一定量的柔软剂，与其一起洗涤，这样洗出来的衣服即柔软又清香。其实柔软剂有一定的破坏织物组织的作用，不要觉得柔软剂越多越好。过量使用，容易造成变形等问题。

4. 排水管最多可以延长到几米

在平地上，排水管可以延长到3米。（在垫高时，排水管就不能延长。）延长部分请购买规定用品。如果是全自动洗衣机的话，可延长到3.6米。

请将排水管的高度控制在15厘米之内。过高的话，就可能不能排水。

5. 洗衣机左右两侧都能安排水管吗

根据排水口的位置，左侧或者右侧都能安接排水管。

6. 如何估计衣物的大致重量

洗衣机有水位开关（全自动）或水位线（双缸式），可以根据洗涤物重量来选择水位。因洗涤量选择适当水位，水和洗衣粉都能节约。因此，为了不超过洗涤规定量，最好能估计出衣物重量。

表 3-3　衣物重量的估算

洗涤物种类	材料种类	大致重量（克）
手帕	100%棉	15
袜子	（混纺）	50
尿布	100%棉	50
衬裤	100%棉	60
手巾	100%棉	70
童装	（混纺）	120
短袖汗衫	100%棉	130
长袖汗衫	100%棉	150
衬衣	65%涤纶、35%棉	200
女衬衣	（混纺）	200
冬用衬衣	（混纺）	250
浴巾	100%棉	250
围裙	100%棉	250
毛衣	（混纺）	300
裙子	化纤	400
浴衣	100%棉	400
毛巾被（薄）	100%棉	500
床单	100%棉	500
睡衣（上、下）	100%棉	500
工作服	65%涤纶、35%棉	800
毛巾被（厚）	100%棉	1200

7. 送修洗衣机之前的检查要点是什么

表 3-4　双缸式洗衣机的检查要点

现象	原因
洗衣机不能工作时	有否停电 电表保险丝有否断开 插头的接触好吗 波轮中卷入了什么东西吗 按了定时器按钮没有（全自动） 水龙头打开了没有（全自动） 规定量的水进足了吗（全自动） 排水管放下来了没有（全自动）
不能排水时	排水管是否太高，延长管是否太长 如果在冬季，水管及排水口有否冻结 排水管有否损坏 带控制排水开关的洗衣机是否设在“全自动”位置上
有不正常声音时	波轮中卷入了什么东西吗 安装是否倾斜或不安定 脱水时，脱水桶内衣服有否集中在一边 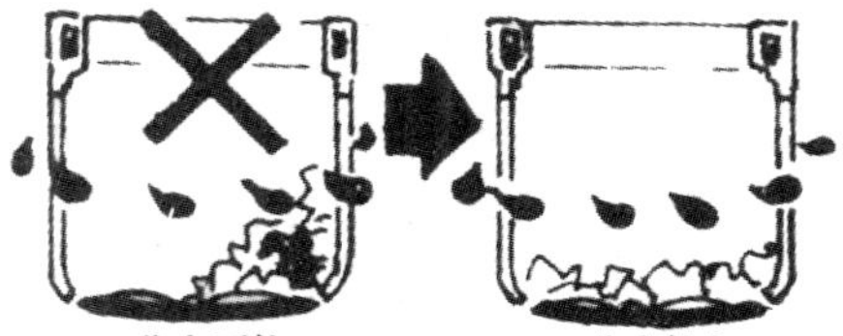

续表

现象	原因
脱水桶不动时	洗涤物有否缠到脱水桶轴上（双缸式） 洗涤物集中在一边而使安全开关自动停止工作了没有（全自动） 带控制排水开关的洗衣机是否设在“全自动”位置上（全自动）
脱水桶不停时	放入洗涤物使其旋转，之后，打开脱水盖到旋转停止所需时间 15 秒以上即为故障

表 3-5　全自动洗衣机的检查要点

现象	原因
不运转	停电 水龙头未打开 电源插头未插牢 未按电源开关，未按“起动/暂停”按键
不进水	水龙头未打开 自来水进水管冻住 停水 进水阀的过滤网堵住
中途进水	水位下降时，会自动进水
脱水中途变成漂洗	当衣物偏集在一处，不平衡时会自动进入漂洗，使衣物均匀
按键操作不起作用	起动后，要改变设置，请先关掉电源，再起动后，重新设定

续表

现象	原因
脱水时不规则转动	为了抑制脱水时起泡，桶的转动有时慢，有时快
从漂洗程序开始起动时，不进水	为了将衣物中所含水及洗涤剂成分挤出，会先从脱水开始，脱水后会进水（桶内有一定水量时，会从排水开始）
进水时，水从排水管流出	在排水时，拔掉电源插头或停电运转停止后，排水阀会一直打开。打开电源前，用其他方式往洗涤脱水桶内倒水时，水会流出（打开电源开关，排水阀会关闭）
线屑过滤器中无水流出	1 7L、24L 时，线屑过滤器中无水流出

四、空调器的使用须知

（一）构造与原理

1. 基本构造

空调器的基本构造可根据其功能分为以下几个主要部分。

①制冷循环系统：压缩机、冷凝器、蒸发器等。

②风扇：吸收制冷循环带来的热量并送出冷、暖风。

③电气控制零件：使空调器正常运转。

④外壳等。

下面对其中最主要的制冷循环部分的作用加以说明。

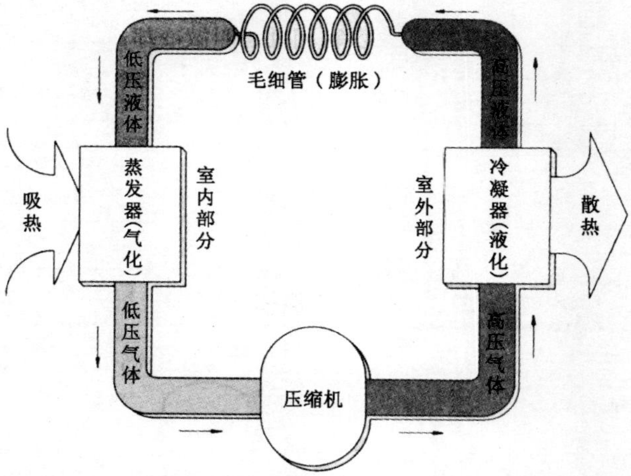

图 4-1　制冷循环系统氟利昂 R22（气体）的变化

(1) 压缩机

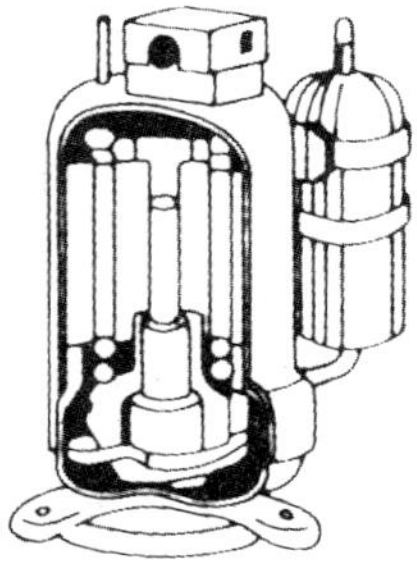

图 4-2 压缩机

压缩机的作用正如人体内向全身输送血液的心脏，在空调器中的作用就是，压缩原先处于低压和常温状态下的氟利昂气体，使其成为高温高压的蒸气。

(2) 冷凝器

冷凝器的作用是将压缩机产生的高温高压的氟利昂蒸气进行冷却和液化。在这里将氟利昂气体所带的热量散发到制冷循环系统的外面。这个热量也就是使用冷气时，通过室外部分吹出的暖风。

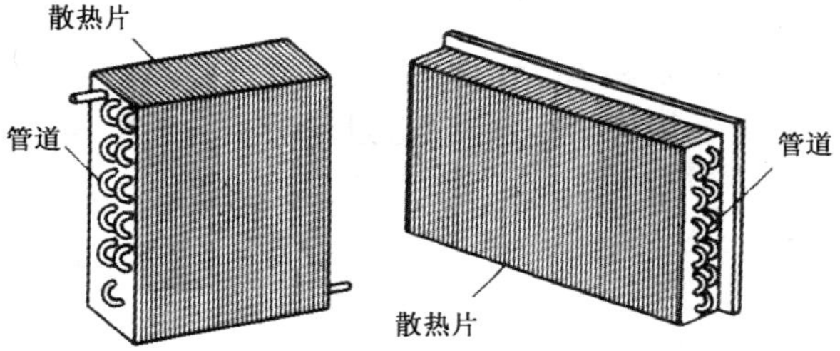

图 4-3 冷凝器

(3) 蒸发器

蒸发器的作用是将周围的热量吸收到制冷循环系统内，由于使周围的空气变冷，因此也叫做冷却器。空调器的室内部分主要是由蒸发器和将其周围的冷气散发到整个室内的风扇所构成。

(4) 制冷剂

制冷剂氟利昂 R22 在制冷循环系统内循环，成为传递热量的媒介。

(5) 室内风扇

将变冷的空气散发到整个室内用的风扇。

(6) 室外风扇

构造大致与电风扇相同，用于冷却室外部分的冷凝器。

2. 空调器的制冷原理

液体在蒸发变为气体时要吸收周围的热量，空调器就是利用物质的这一特性将室内的热量散发到室外，使房间变得凉爽的。

在空调器通电后，压缩机把制冷循环系统内低压的制冷剂蒸气吸入，并压缩为高压蒸气后排至冷凝器。同时室外风扇吸入的室外空气流经冷凝器，带走制冷剂放出的热量，使高压制冷剂蒸气凝结为高压液体。高压液体经过过滤器、节流机构后喷入蒸发器，并在相应的低压下蒸发，吸走周围的热量。同时室内风扇使空气不断进入蒸发器的肋片间进行热交换，并将放热后变冷的空

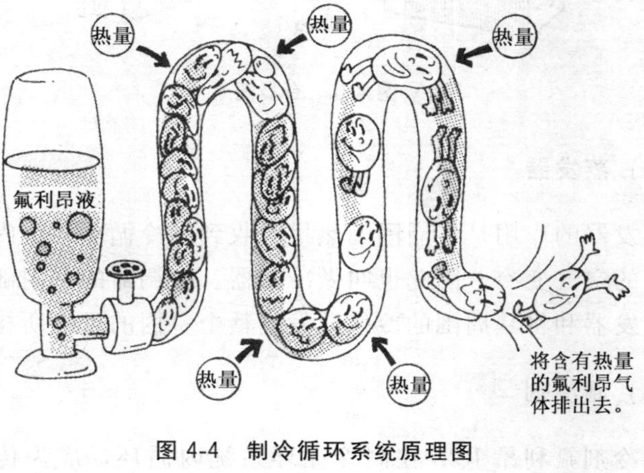

图 4-4 制冷循环系统原理图

气送向室内。这种氟利昂循环的结构就叫做制冷循环系统。

3. 空调器的制热原理

带有制热功能的热泵型分体式空调器可以提供一年四季都舒适的室内环境。热泵在夏天通过空调器向外散发热量，带给您凉爽，冬天向室内散发热量，带给您温暖。

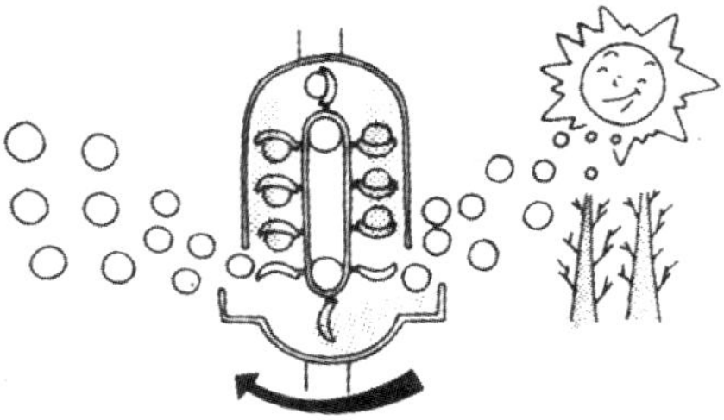

暖气时

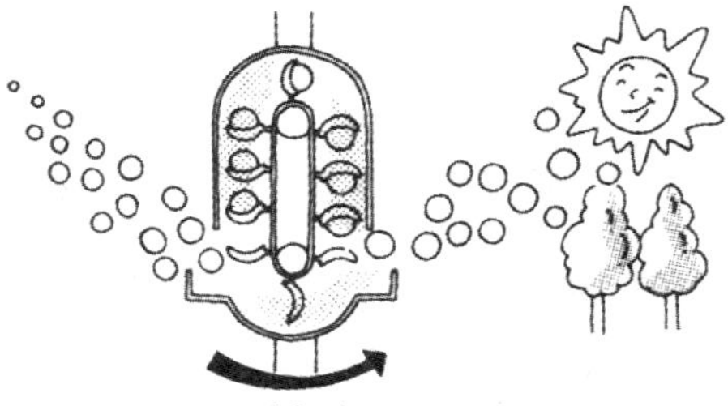

冷气时

图 4-5　热泵方式

利用空调器的制冷剂将室内的热量传到室外，即所谓的制冷。热泵型的暖气同样采用了这种原理获得，只是其循环方向完全相反。

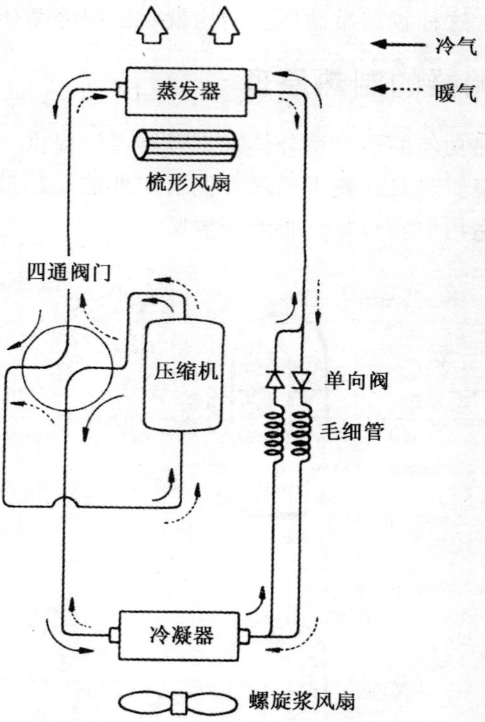

图 4-6 热泵型分体式空调器

将冷气循环系统与暖气循环系统进行转换的是只有冷暖气式空调器才使用的四通阀。

四通阀安装在制冷循环系统内，起着转换使用冷气或暖气时制冷剂流动方向的作用。

4. 空调器的除湿原理

在不使温度下降（或使用暖气）的同时进行除湿的秘密就在于两个带有两通阀的闭合和特殊功能的室内部分热能交换器。一

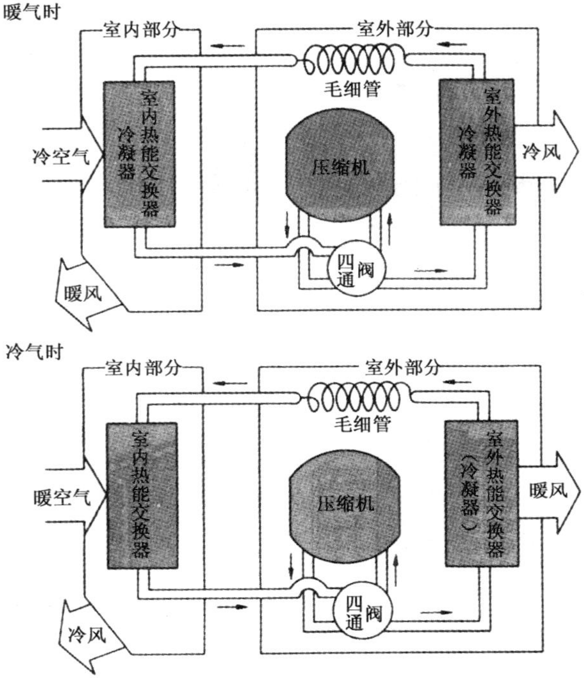

图 4-7　制暖、制冷循环系统

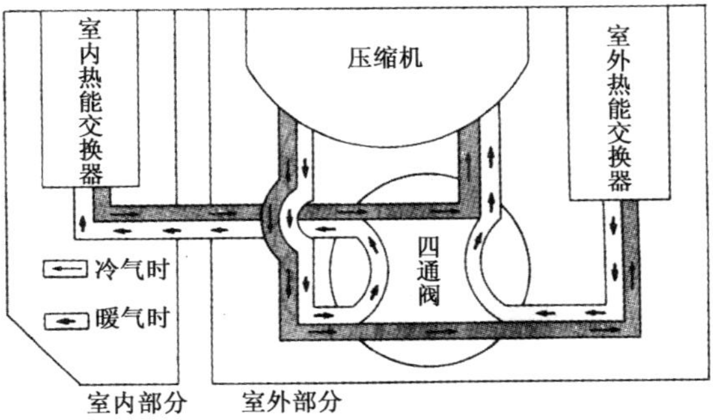

图 4-8　四通阀的作用

个是为了将室内空气中所含的水蒸气变为液体排出，具有冷气、除湿器功能的热能交换器，一个是具有半暖气功能的热能交换器，这两个交换器同时使用。

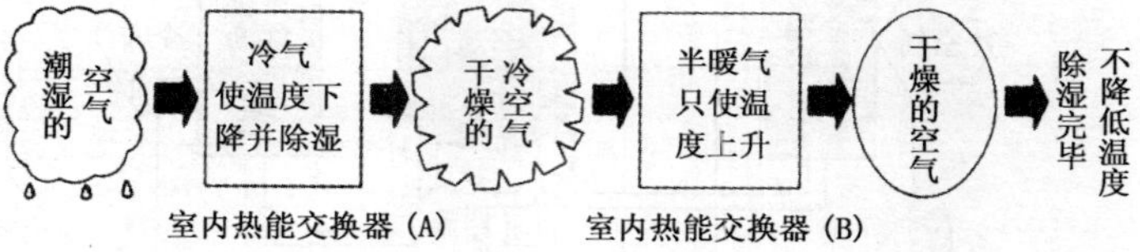

图 4-9　除湿过程

（二）种类与选择

1. 空调器的种类

（1）空调器的功能分类

家用室内空调器具有以下三个基本功能。

冷气：如同大家所熟知的“冷气”这个名称，空调器本来就是为冷却室内空气而研制、发展起来的。

暖气：将制冷循环系统进行反向循环，从而达到暖气效果的方式叫做“热泵方式”，将大气中的热量聚集成为暖气，这种无浪费的优点成为今天节能时代的缩影。

除湿：在决定舒适程度四要素（温度、湿度、洁净度及气流分布）中，着眼于保持适当湿度之重要性而设计的功能。尤其是春、秋季节，在除去湿度即可舒适的时节最为适用。

在上述三种功能中，以对空调器使用需求最高的“冷气”为基础，可分为以下四种类型。

①冷气、暖气、除湿型空调器。三种功能完全具备的机型。使用时间 1 年内约有 10 个月，虽然这种三功能俱全的空调器本身价格偏高一些，但如果考虑其使用时期之长，1 天内的使用单价则是便宜的了，具有最经济性的特点。

②冷、暖气型空调器。具有一台两用的方便性，和不使用明火就能使得房间暖和起来的清洁性和安全性，以及不用电气作热源（热源是大气中所含的自然能）这种只为了将热量传到室内而用电的高效率使用能源，最适合于目前这个省钱、节能的时代，代替了冷气专用型空调器，成为空调器的主流。

③冷气除湿型（干燥型）空调器。与以前的空调器相比，进一步认识了通过调节湿度保持舒适环境的重要性，而且利用温度与湿度的关系保持舒适环境（即使温度偏高，只要湿度适当清爽度不变）的特点，与今天这种要求节能、舒适的时代紧密相连。

④冷气专用型空调器。说到空调器，原来大部分都是指这一类型。虽然稍弱于具有暖气、除湿功能俱全的机型，但作为寝室等只需冷气即可等用途，仍然极为需要。

(2) 空调器的安装分类

空调器要根据住房情况、所需能量，来选择安装场所与安装方法。安装方法有以下四种形式。

①分体式空调器。分成室内和室外两大部分，中间由通过制冷剂（氟利昂 R22）的管道连接。在使用冷气时，由室内部分吹出冷风，安装在屋外（外墙、庭院、凉台）的室外部分将室内的热量变成暖风散发出去。这种分体式空调器的室内部分又可分为挂墙式、柜式两种安装方式。

挂墙式空调器：安装在距离天棚较近的墙壁上，用延伸到下面的遥控器进行控制。正面下侧是吹风口，由于百叶窗角度可进行调整，使冷风直接吹到人身上，因此冷气效果快而明显。

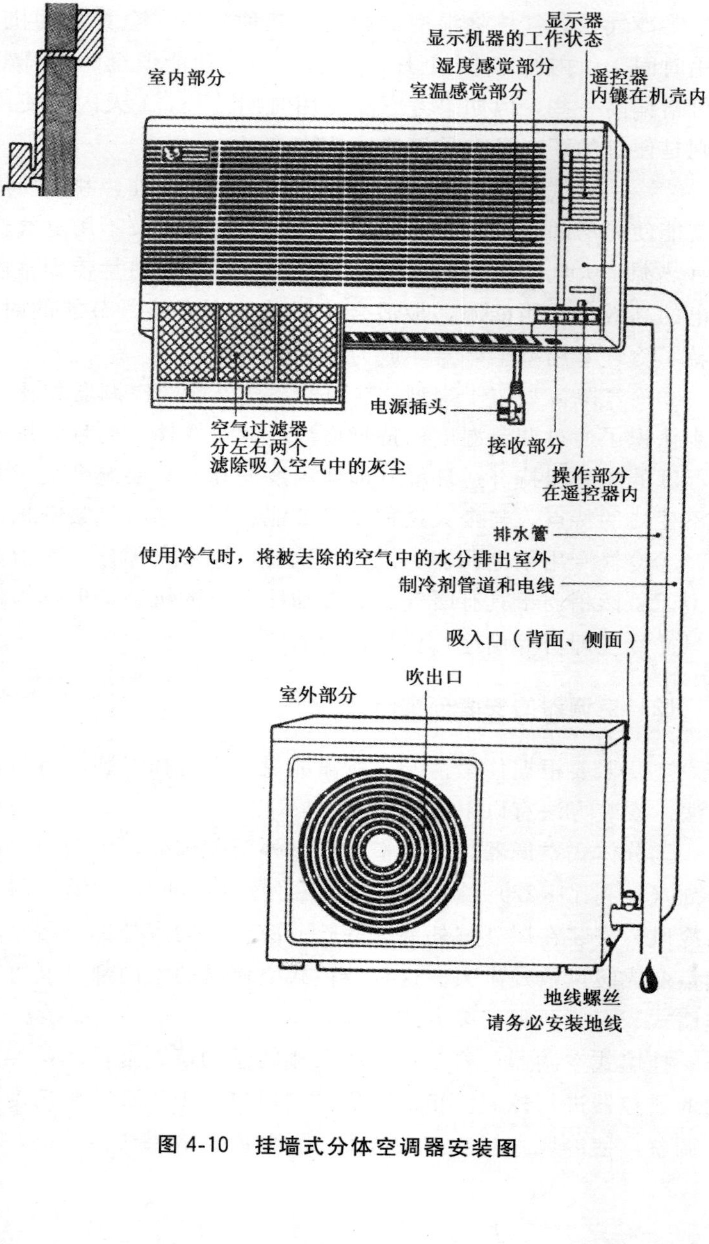

图 4-10　挂墙式分体空调器安装图

柜式空调器：冷暖气功效较大的空调器多为这种类型。利用热气上升，冷气下降的气流原理，使整个室内充分发挥效力，带有上下两个吹风口的机型正在不断增加。

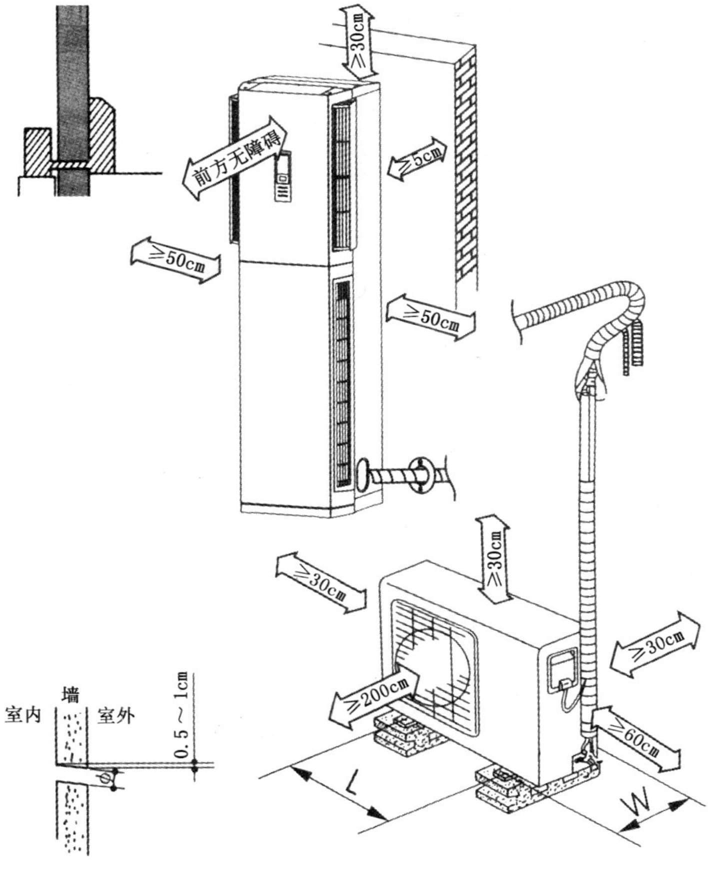

图 4-11　柜式分体空调器安装图

②窗式空调器。将整个冷气循环系统完全收入同一箱内，安装在窗户或墙壁上，使用时背面伸出屋外。这种空调器体积较小，价格也较便宜。由于能量较小，适合于安装在儿童房间等面积较小或公共住宅等不能对房间进行改装施工的家庭。

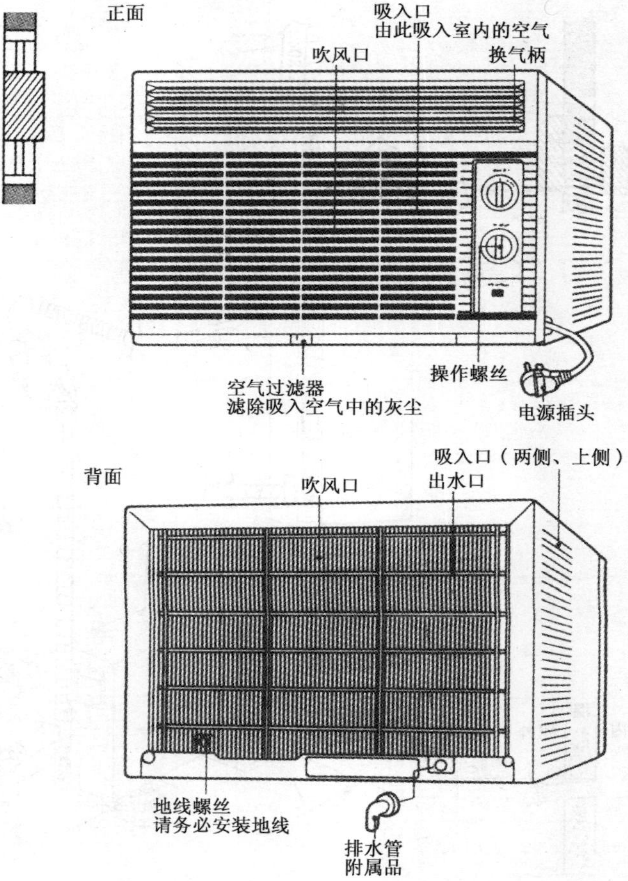

图 4-12　窗式空调器安装图

③简便安装式空调器。由于安装施工十分简便，而且在使用

季节过后可收藏起来，因此称为简便安装式。尤其适用于不能进行改装的出租房或经常搬家的家庭，由于不像窗式要将窗户的一部分堵住，所以不会影响采光。冷却方式有水冷式和空冷式两种。

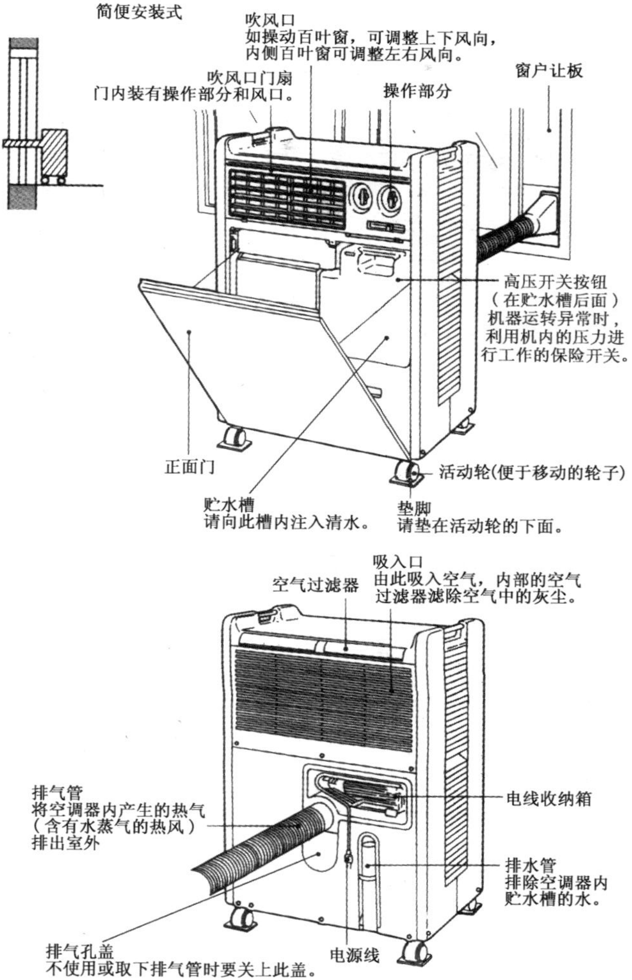

图 4-13　简便安装式空调器安装图

④多机分体式空调器。多机分体式空调器是一种只用一台室外机拖动二台以上室内机的系统，可以保证每个房间都有空调。因为只需一台室外机，所以既经济实惠，又保证了房屋外观的整洁美观。

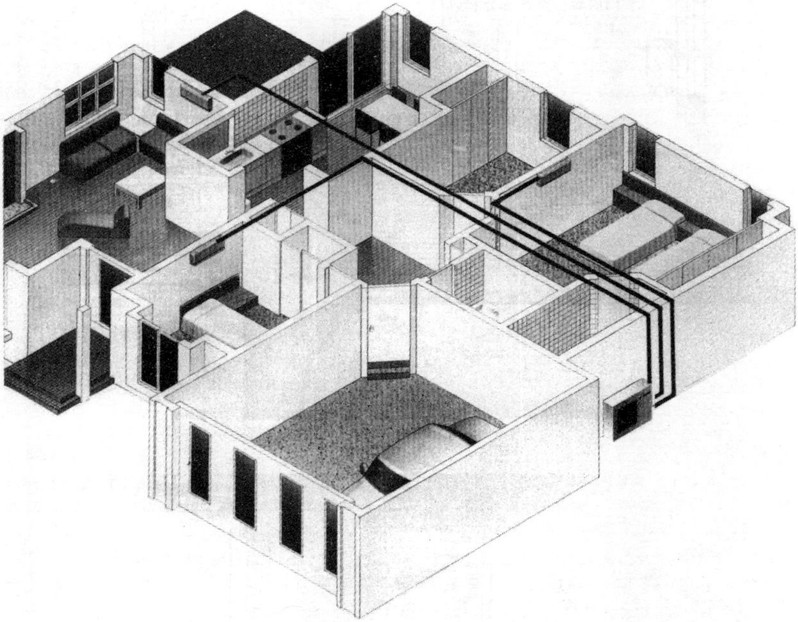

图 4-14　多机分体式空调系统

多机分体式空调器有双机分体式、三机分体式等类型。双机分体式即通过一台室外机拖动两台室内机，三机分体式即通过一台室外机拖动三台室内机。

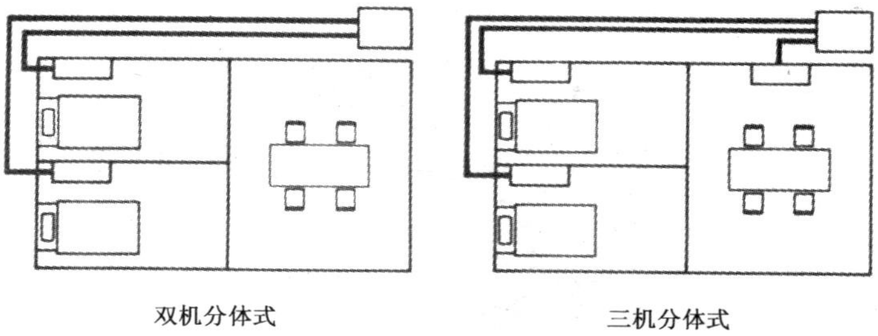

图 4-15　多机分体式空调器的类型

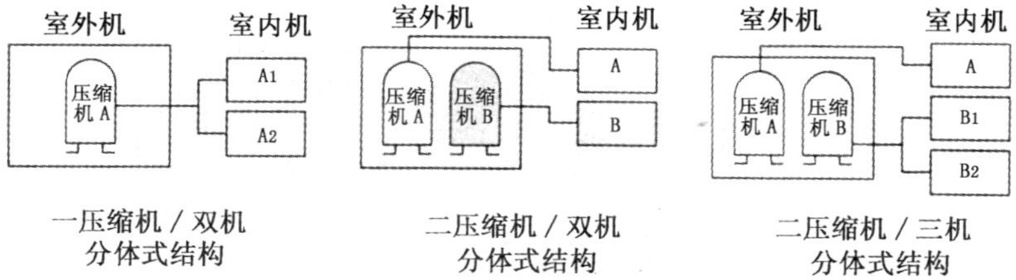

图 4-16　多机分体式空调器的结构

多机分体式空调器的结构包括一压缩机/双机分体式、二压缩机/双机分体式、二压缩机/三机分体式。一压缩机/双机分体式即单个压缩机一般可冷却一到两个房间。二压缩机/双机分体式即两只压缩机分别驱动各个室外机。二压缩机/三机分体式即一台室外机内装有两只压缩机，一只运转一台室内机，另一只运转剩下两台的室内机。

⑤变频式空调器。我们知道，前述的各种非变频式空调器是直接根据温度来控制压缩机运转或者停止，从而来维持室内的温度范围。变频式空调器利用变频电源频率让压缩机在 800～7800 转/分范围内变化，当产冷量要求大时则高速运转，反之则低速运

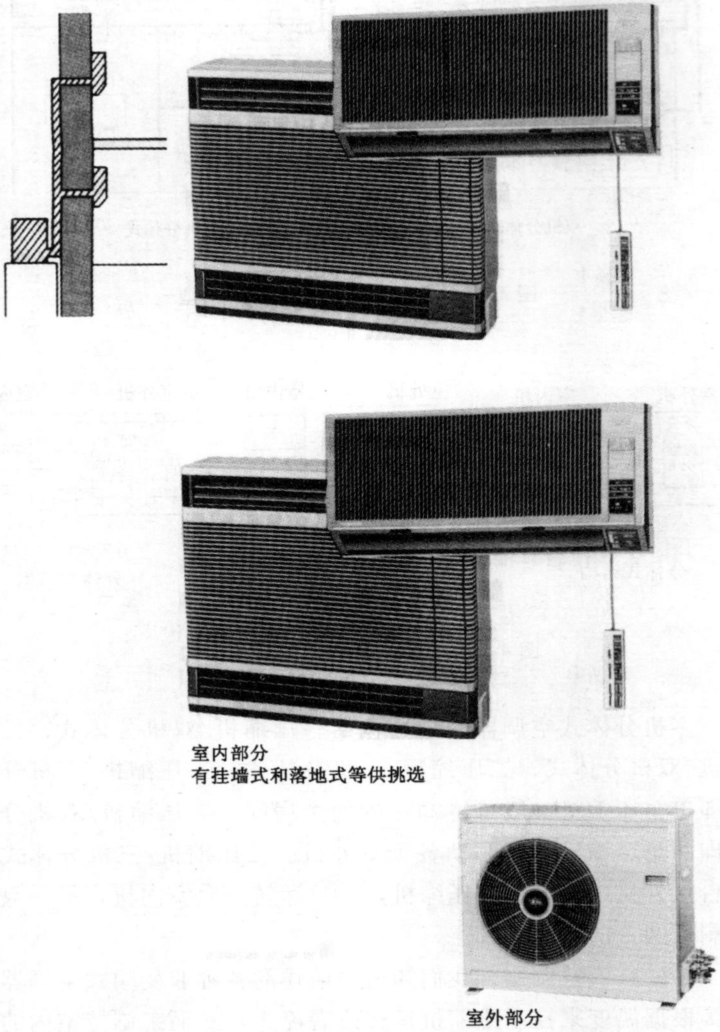

图 4-17　多机分体式空调器安装图

转，从而达到通过调节制冷剂流量来调节室内温度范围的目的。由于无频繁的启动大电流冲击，故制冷（热）的效率就高得多了。变频式空调器的缺点是机器内部线路复杂，一旦坏了，维修困难，一般都是整块线路板调换。

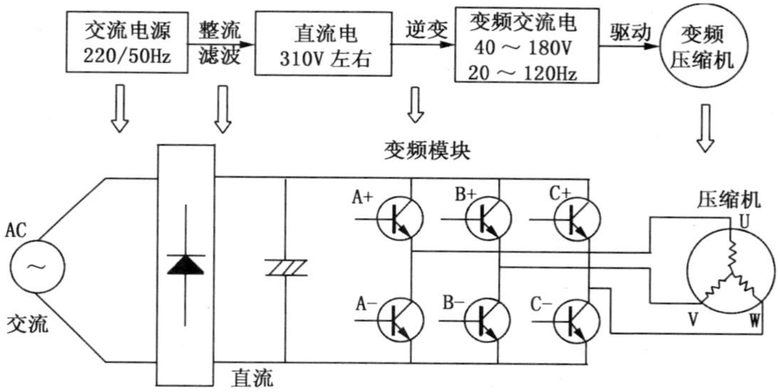

图 4-18　变频控制器的原理框图

2. 空调器的选择

(1) 如何根据房间面积来选择

空调器的选择原则上要根据房间的面积、构造、地点、平均人数、室内热源等情况，计算出需要的冷（暖）气的负荷量，从而来选择适当的机型。而如果选择的是冷暖气型空调器，还要以暖气负荷为基准选择机型。这是因为暖气比冷气多消耗 1.3～1.5 倍的热量。如果想简单，选择下表也不失为一种方法。

表 4-1 空调器的选择

空调匹数	制冷量（瓦）	适用面积
1 匹	2300	小于 9 平方米的居室、书房、儿童房、保姆间等
1.25 匹	2500～2600	9～13 平方米的卧室、餐厅
小 1.5 匹	3200	13～18 平方米的卧室
大 1.5 匹	3500	18～25 平方米的卧室、客厅
2 匹	5000～6000	25～35 平方米的卧室、客厅
小 3 匹	6000～7000	35～50 平方米的客厅
3 匹	7000	50 平方米以上的客厅、店面
大 3 匹	7200	

头几年的“小 1 匹”已变成现在的“准 1 匹”，相应的，过去的 1 匹相当于现在的 1.25 匹，因此，按过去的标准来买空调，会发现不够用。同时，环境也是购买空调的重要参考因素，层高、楼层、日晒、空气对流情况等，在买空调时都应加以考量，才不会出现空调制冷效果不好的情况。总的原则：宁可买高，不要买低。楼层高，日晒大的居室，比通常的标准买大半号。特别注意一点，如果你买的是冷暖空调，同样需要买大半号，暖气重量轻。在冬天想要达到好的取暖效果，功率一定要选够。

(2) 如何读懂空调的能效等级

“中国能效标识”是一个市场准入概念，它直观地标示了家电产品的能源效率等级。能效等级分为 5 级；1 级最为节能；2～5 级的节能效率逐级降低。

①能效比

空调的能效比＝制冷量÷制冷功率

制冷量指空调调节室温的能力，制冷功率指空调制冷的耗电量。如一款制冷量 5000 瓦的 2 匹空调，制冷功率 2000 瓦，能效比：5000÷2000＝2.50。

②能效比和能效等级的对应关系

能效比 3.40 以上：能效等级 1 级。能效比 3.20～3.39：能效等级 2 级。能效比 3.00～3.19：能效等级 3 级。能效比2.80～2.99：能效等级 4 级。能效比 2.50～2.79：能效等级 5 级。

如：能效比 3.33（能效等级 2 级）的空调制冷时，将室内 3300 瓦的热量移动到室外释放以降低室温，耗电则为 1000 瓦。

（三）正确的使用方法

1. 正确有效地使用空调器

(1) 保持舒适的室温

过冷或过热都不利于健康。使用冷气时最好控制在 26～28℃，使用暖气时控制在 22～24℃范围内。室内和室外温差最好不超过 10℃。另外暖气下降 1℃或冷气升高 1℃都可节约 10％的电力。

图 4-19　合适的温度设定

(2) 舒适而经济地使用空调器

①为了保证室内均匀的温度，要调整风向。应避免将空调安装于床的上方，以免冷气正对人直吹。使用暖气时使风向向下，调节到暖风直接接触地面。

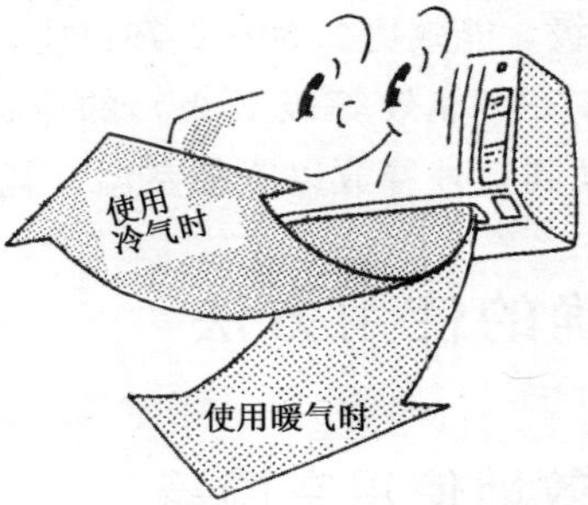

图 4-20 风向的调整

②夏天为防止日光直射，冬天为保暖起见，拉上窗帘效果更加明显。

图 4-21 窗帘的隔热效果

(3) 不要使风长时间直接接触皮肤

直接长时间地接触身体，对健康十分不利。从室外进入室内时，最好先用毛巾擦干汗水，再开空调。经常处于空调环境中的人，应当适度进行体育锻炼，以提高身体的抗病和应急能力。

(4) 使用时要注意通风换气

在使用空调器时要注意通风换气，忌紧闭门窗。尤其在使用煤气等后更要注意。不能长时间依赖空调升降温，要间断地开窗通风，保持室内空气流通，避免缺乏新鲜空气。长时间使用空调的房间要注意卫生，否则过多灰尘会诱发哮喘等疾病。

图 4-22 注意通风换气

(5) 电源插头要插牢

电源插头如果松弛，会引起漏电或过度发热。

(6) 不要频繁开关

使用空调不应频繁地利用电源的接通、切断控制机器，否则可能造成启动电流过大，烧毁熔丝，甚至烧毁压缩机电机。

(7) 吸入口和吹风口不要插入细棍等物

接触正在运转中的风扇或电气元件十分危险，对幼龄儿童要特别注意。

(8) 不要堵塞吸入口和吹风口

堵塞吸入口和吹风口会给空调器增加负担，使性能下降或引起保险装置生效、机器停止运转等现象。

(9) 不要喷洒可燃性药剂

杀虫剂、油漆等易燃性物质会引起火灾，请不要直接对空调器喷洒。

2. 充分利用空调器的功能

现在的空调器制冷、采暖、除湿等功能俱全。为了提高舒适感，采用微电脑进行更细致的控制，而且装有可根据房间负荷调整能量的变频空调器也开始上市了。

(1) 冷气和暖气的使用

使用冷气或暖气时，要考虑到使冷（暖）风能够充分在室内流通。吹风口的百叶窗在使用冷气时向上，使用暖气时向下，便可达到室温均匀舒适的冷（暖）房效果。

(2) 室温的控制

为了控制室温，装有恒温器。利用恒温器使机器进行重复与运转的过程，使室温均衡地保持在您所希望的温度。

(3) 定时器的使用

这是具有定时运转开始时打到“开”，定时停止运转时打到“断”的两功能定时器。在设定的时间内便开始工作与停止。设在早上起床前一小时开始运转，便可在您起床时达到室内冬可暖，夏可凉的效果。另外，夜晚入睡前设定在一定时间后停止，到时机器便可自动停止工作。

3. 空调器使用注意事项

(1) 检查空气过滤器

请注意检查空气过滤器是否忘记安装或已挂满灰尘。如空气过滤器因灰垢堵塞网孔时，会影响风量，降低冷（暖）房效果。

(2) 检查排水管

排水管因水满过重或硬性弯曲，会使排水流到室内引起故障，请注意检查。

(3) 检查地线

请注意检查地线是否断线或未接通。

(4) 检查电源

请注意检查电源插头是否确实插在专用的插座上面。

(5) 取下空调器保护罩

使用机器时不要忘记取下室外部分的机器保护罩。

4. 安装时的注意事项

关于空调器，业内有“三分空调七分安装”之说，可见安装对于空调器的重要性。

(1) 室内部分的安装场所

①吹风口附近不要有障碍物。

②不要安装在房间门口处。

③容易排水的场所。

④留出可进行修理的场所。

(2) 室外部分的安装场所

①通风良好的地方。

②不怕噪音影响的场所。

③留出可进行修理的场所。

④无论室内或室外部分，都请选择吸入口和吹风口通风良好的场所，否则会引起保险装置的生效或因能量不足导致机器发生故障。

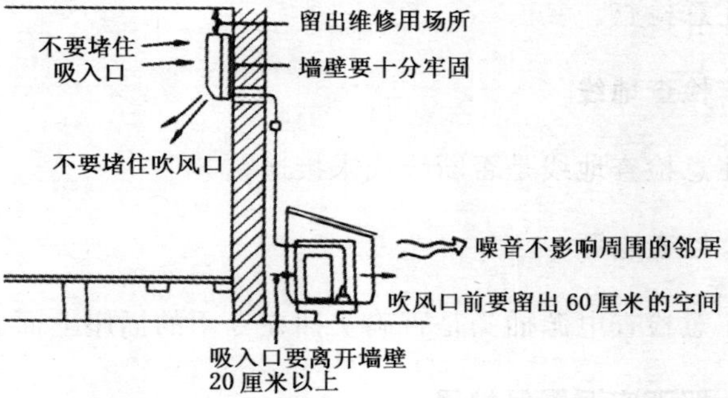

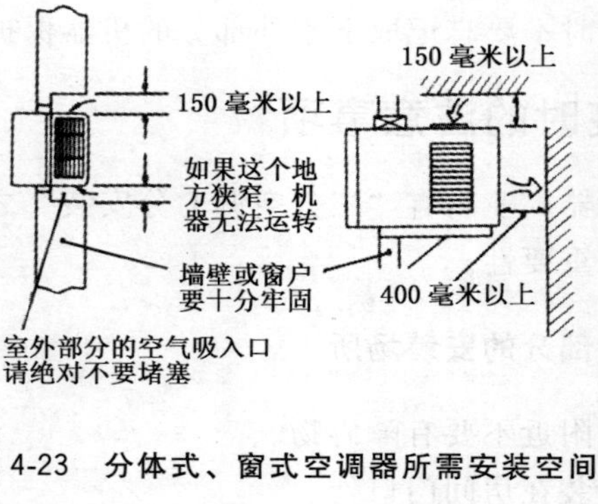

图 4-23 分体式、窗式空调器所需安装空间

分体式空调器使用的管道长度在 10 米以内，高度不超过 5 米，请根据上述标准选择安装位置。高度超过 5 米，要补充 10 克/米的制冷剂。

(3) 安装施工要领

①电源。空调器的电源要使用专用电路，施工时要使用能够充分承受规定电流强度的电线。电源电压的变化规定为±10%，如电压变化较大时，请先改善电源再进行施工。

②室内和室外的电路走线（分体式）。室内和室外的电路走线，请使用能够充分承受电流强度的电线。

③排水管道的施工

在进行排水管道施工时，室内空调器排水托盘的排水口请务必向下安装。

室内的排水管请务必采用绝热材料进行隔热。

管道中途不要出现回水弯。

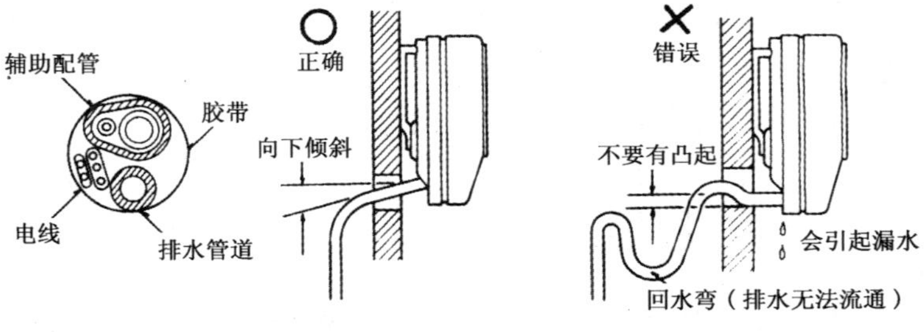

图 4-24　排水管道的施工

④地线的施工。为保证安全，地线施工时，接地电阻不要超过 100 欧。

⑤空气净化（分体式）。室内部分的管道如不进行空气净化就开始使用，一旦制冷剂内掺入空气，就会引起保险装置的生效

或机器发生故障。因此，在连接管道时，请务必先进行空气净化。

⑥管道绝热（分体式）。低压管道为防止沾上水蒸气，如果是冷暖气型的空调器，在使用暖气时，为防止热量流失，请按照图 4-25 进行隔热施工。

⑦试用空调器。施工完了后请务必进行试验运转。对不妥当的地方加以修改。

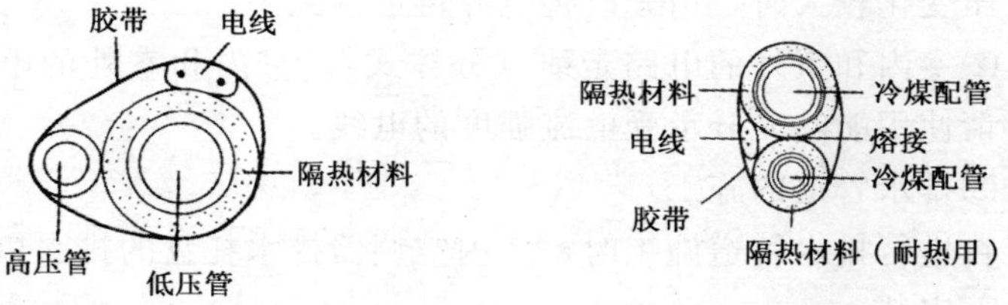

图 4-25 隔热施工

安全电缆与其他管道一同走线时，要完全离开未加保护层的管道。

⑧检查机器运转情况，项目如下：

检查送风、冷气、暖气各部分的转换是否正常；向排水托盘内注水，检查排水管道的排水情况；检查风向调整装置、换气装置是否灵活。

⑨检查运转性能。在最低运转 30 分钟后，对各部位的数据进行核对。

（四）日常的保养方法

①外壳上的面板上有各种隔条，容易聚集灰尘，可以定期用软布擦干净，但不能使用汽油及酸类化学制品擦洗。

②整个空调机每年彻底清洗 2～3 次。

③空调器的旁边一定不要有高温热源，以免空调器面板受热变形。

1. 空调器的清洗

①经常打扫室内机空气过滤网，建议半个月左右清扫一次。空气过滤网上面的灰尘会堵塞网眼，降低冷暖气效果。对空调器要定期检查并进行清洗，尤其要按时清洁过滤网，使其真正能起到滤粉尘、病菌和有害气体的作用。空气过滤网可以使用轻轻拍弹或电动吸尘器除尘的办法清扫。如果滤尘网积尘过多，也可用水漂洗或软刷蘸中性洗涤剂清洗，但清洗时水温不得超过 50℃以上，不能用洗衣粉、洗洁精、汽油、香蕉水等，以免滤尘网变形。不要用海绵清洁，否则会损坏滤尘网表面。

图 4-26　空气过滤网的打扫

②机壳的清扫。机壳上沉积的灰尘或污垢可先用带水的湿抹布擦拭后，再用干抹布擦拭一遍。请注意使用挥发油、溶化剂、去污粉等会引起变形或裂缝。

③室外机热交换器（翅形散热片）也要保持清洁干净，及时清扫，去掉室外部分机身上的泥土或落叶。

图 4-27　机壳的清扫

2. 空调器的存放

请按照下列顺序进行存放。

①使用季节过后，选择一个晴朗的日子，进行半天的送风运转，使机器内部充分干燥。

②运转停止后拔下电源插头。

③将空气过滤器清扫干净后，安装到原来的位置。

④吸入口、吹风口的百叶窗及机身用柔软的干布擦拭干净。

⑤将室外部分机身上堆落的灰尘扫除干净，然后罩上保护罩。

⑥空调器在多次使用后，机器内部也会堆积灰尘，使性能下降，最好定期进行一次大修保养。这时请与专卖店或服务中心的专业人员进行联系。

（五）怎样节省用电

①勿挡住室外机的出风口，否则会降低冷暖气效果，浪费

电力。

②室内机、室外机的连接管不宜过长，尽可能不超过推荐长度。室外机应置于易散热处，否则都将影响制冷/制热效果。

（六）疑问解答

1. 是否任何房间都可安装空调器

①空调器的冷（暖）房负荷必须符合房间的体积，否则会使冷（暖）气效率不足，难以得到充足的舒适感。

②窗式空调器因有一部分需要放在窗外，因此必须考虑好房间的构造。

③分体式空调器的室内部分和室外部分之间的连接管道需要施工，因此要安装在可以进行施工的地方。

2. 安装施工需要注意什么

空调器安装施工的好坏，其效率会产生极大的差异。以下各项施工是必要的，请与销售部门商洽后再进行安装。

①窗式空调器。在墙壁上安装时要在墙壁上打开与空调器几乎同样大小的安装口。同时要考虑到墙壁的坚固程度和振动与噪音等状况，如强度不够要进行加固。如备有窗口型安装口可以进行安装，但根据型号尺寸有些可能不能安装。

②分体式空调器。墙壁打出直径 60 毫米的洞口便可安装。但因为连接管道的长度、高低及可否排水等情况，有些则不能安装。

③电源的问题（窗式、分体式）。用户的电源输送量如有足够的负荷，可以另设专用电路。但如不够负荷，需增设电源输送电路。电压的变化如果较大，会影响机器本身的正常运行，有必

要改善供电条件。

3. 为什么制热时的消耗功率比制冷大

使用暖气时比使用冷气时室内外的温差要大，因此比使用冷气时所使用的功率要多1.3～1.5倍。

4. 最舒适的温度是几度

①每人之间虽然有所差异，一般使用冷气时比室外温度低4～5℃为佳。

②使用暖气时以18～20℃为佳。

③在有小孩子或病人的房间使用时，特别要加以注意，有必要进行适当的温度调节。

5. 为什么需要除霜运行

①因使用暖气时室外温度较低，制冷剂会在蒸发时因湿气在热交换器内成霜状冻结。此时如照常使用，会引起不进行热交换作业而降低暖气功率。因此要根据热交换器的温度和时间施放暖气给制冷剂除霜。

②除霜完毕后，转换暖气时，室内机会吹出雾气，这是因为除霜后水汽蒸发的原因。

6. 空调器停止工作时应该检查哪一部分

①是不是停电。

②插头是否脱离插座。

③是不是电闸断路。

④遥控装置的操作是否搞错，请检查一下电源。

7. 开关接通后压缩机不即刻工作，正常吗

为不使压缩机负荷过重，压缩机的内部保护电路起作用，以保证开关接通后三分钟内压缩机不工作。（机械式的机种须在停止三分钟后再运行。）

8. 比以往的冷却能力减弱（或者暖气不暖），为什么

①检查窗户是否没有关闭，室内人数是否增加（平均 100 千卡热量/1 人数负荷）。

②检查室内是否正在使用热源器具（限于使用冷气时）。

图 4-28　室内热源会减弱冷却效果

③检查过滤器是否集尘过多，每 2～3 周需清扫一次。

9. 吹风口结露水，为什么

①在湿度较高时，打开窗户使用会有这种情况。

②主要原因是排水功能不良。排水托盘集水已满，并非

图 4-29　经常清扫过滤器

故障。

10. 使用暖气时，暖风不立刻吹出，这是为什么

为防止冷风排出，室内的热交换器在不超过 30℃以上时，风扇不起动。

11. 使用冷暖气起动或停止时有压气声正常吗

起动和停止时，制冷循环系统内的制冷剂压力在进行平衡时，制冷剂的流动会发出声音，并非故障。

五、电视机的使用须知

自从 1939 年电视机问世以来，基于电视图像传播的电视机就作为人们接收信息的第三媒体（第一媒体，以纸为媒介的传统报纸；第二媒体，以电波为媒介的广播；第四媒体，因特网），深深融入了我们的生活中。在电视机几十年的发展过程中，经历了从黑白画面演变成彩色画面、从球形屏幕到纯平显示等多个技术飞越。在今天，传统的显像管电视机虽然还是广大城乡的主要电视图像接收器，但是可以预见，很快地就要被等离子电视机特别是液晶电视机所代替。

（一）构造与原理

1. 电视信号的发射和接收

录制是发射的前奏。电视台用的专用电视摄像机，早年主要是由 3 条电子束摄像管组成的，后来由 CCD 电荷耦合器件所代替。这些摄像器件及其信号处理系统利用光电效应，把摄入的光信号转换成显示光亮的亮度信号和显示色彩的色差信号。其他信号与这些信号混合组成图像信号。在经过各个过程之后成为电磁波通过天线发射出去。

显像管电视机、液晶电视机等电视图像接收器的作用则相反，即它们是将电信号还原为光信号的设备。其中，通过接收天线的电磁波，进入调谐器，将想观赏的频道的电磁波信号放大，抽取出图像信号和音频信号。其中，图像信号进入显像管或者液

图 5-1　电视信号的录制

图 5-2　电视信号的发射

晶显示屏，音频信号进入音箱。

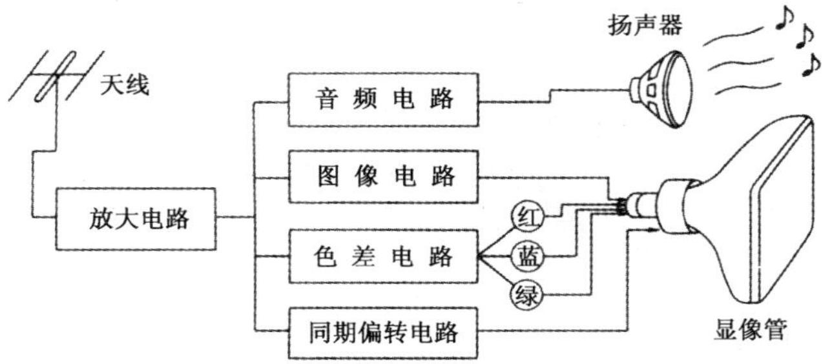

图 5-3　彩色电视的信号接收

2. 显像管电视机构造与原理

显像管电视机采用阴极射线管技术。

阴极射线管是一个漏斗形的电真空器件，主要由电子枪、偏转线圈、荫罩、荧光粉层及玻璃外壳五部分组成。电子枪是阴极射线管的主要组成部分，包括灯丝、阴极、栅极、加速阳极和聚焦极。在加电以后，灯丝会发热，热量辐射到阴极，阴极受热便发射高速电子，经过垂直和水平的偏转线圈控制高速电子的偏转角度，使高速电子击打屏幕上的荧光物质令其发光，通过电压来调节电子束的功率，就会在屏幕上形成明暗不同的光点，形成各种图案和文字。彩色显像管屏幕上的每一个像素点都由红、绿、蓝三种涂料组合而成，由三束电子束分别激活这三种颜色的磷光涂料，以不同强度的电子束调节三种颜色的明暗程度就可得到所需的颜色。

彩色显像管可分为三枪三束管、单枪三束管和自会聚管三种。

在三枪三束彩色显像管中，管颈部装有三支独立的电子枪，

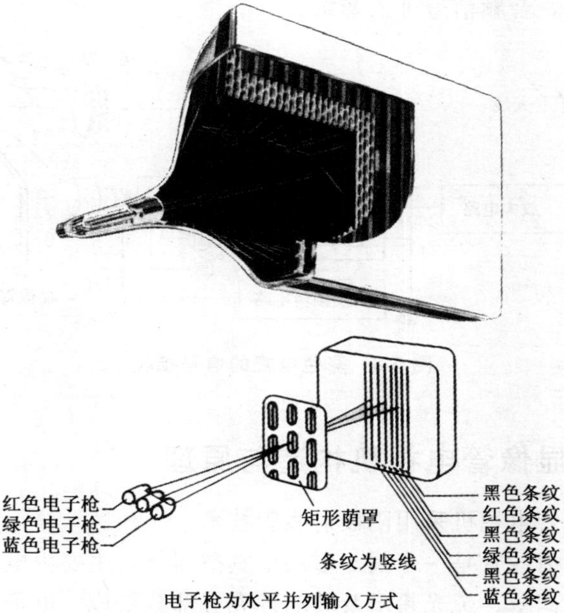

图 5-4　彩色显像管的组成

分别发射红、绿、蓝电子束。这些电子束对准并击中相应的荧光点，利用相加混色法在电视机屏幕上组成彩色图像。

单枪三束彩色显像管的阴极有三个，而控制栅极、加速电极和聚焦电极只有一组，供三者使用，好像是从一支电子枪射出三支电子束一样。

自会聚彩色显像管是一种新型显像管。自会聚指动会聚自校正，即在彩色显像管中设计专门特制的行场偏转线圈和相应的措施，实现不需进行动会聚调制，即达到动会聚自校正，称为自会聚。

上述三种彩色显像管的区别即在于不断地简化了会聚调整的

过程，体现了显像更快、功耗更低、寿命更长的技术进步。

3. 液晶电视机构造与原理

顾名思义，液晶电视机是使用了“液晶”作为主要显示材料的电视机，那么什么是液晶呢？液晶是一种介于固态和液态之间的物质，当被加热时它会呈现透明的液态，而冷却的时候它又会结晶成混乱的固态。液晶的特性是，不通电时，液晶分子排列得混乱无序，会阻隔光线；当通过像素电极向液晶通电时，液晶分子即会做90°角的规则旋转，可以使光线容易穿过；当电流切断时，液晶分子又会旋转90°，返回原来的封闭状态遮挡住光线通过。液晶电视机正是利用了液晶的上述在通电与不通电状态下的“闸门”般的特性作为其基本工作原理，通过控制每一个像素的状态，构成明暗交错的图像。当然，还需要配合一定的结构和电路才可以实现光线向图像的转换。由于具体细节技术性较强，本书就不详细介绍。

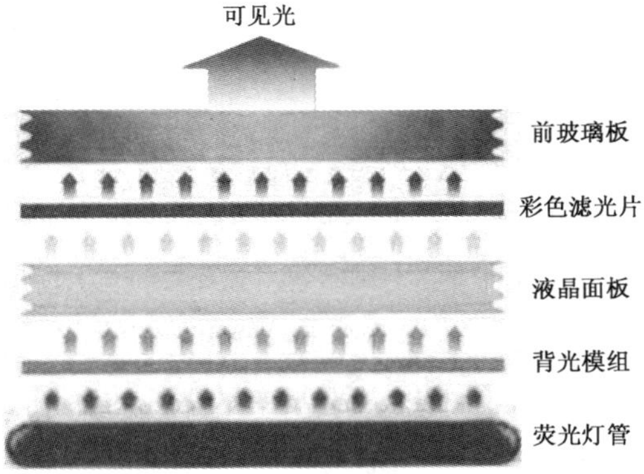

图 5-5　液晶屏的基本结构

(二) 种类与选择

1. 电视机的种类

(1) 显像管电视机

如果不求大屏幕，显像管电视机仍然是目前性价比比较高的产品。

(2) 液晶电视机

液晶电视机无疑是未来电视产品的主流，它以轻薄的身形、超高的清晰度、耗电少、寿命长、几乎无辐射等特色获得了大部分消费者的认同。

(3) 等离子电视机

目前采用等离子技术生产的电视机，与传统的显像管电视机相比较具有聚焦感强、没有色差、在周边显示区域也无偏向、画面失真的现象，显示效果图像鲜艳、色彩明亮、清晰度高等优点。当然它最突出的特点是可轻易做到 40 英寸以上的完全平面大屏幕，而厚度却可以达到 100 毫米以下。同为平板电视机，相比于液晶电视机，等离子电视机在图像的细腻方面甚至是有过之而无不及。

2. 电视机的尺寸选择

确定购买电视机的尺寸是消费前重要的准备工作，根据电视机的观看距离和不同的居室环境就可以简单得出答案。

图 5-6　等离子电视机、液晶电视机同属平板电视机

(1) 根据观看距离选择

表 5-1　电视机观看距离参考表（16∶9 高清电视机的最佳视距）

标称屏幅（英寸）	最佳视距（厘米）
32	112～187
37	134～224
42	153～255
46	168～280
50	183～305

(2) 根据居室选择

①厨房以 26～32 英寸为宜。通常家庭中厨房的面积不会超过 10 平方米，宽一般不会超过 3 米。在厨房、饭厅这种相对狭

小的可视距离下，32 英寸及 32 英寸以下的电视机是较好的选择。

②卧室以 32～40 英寸为宜。卧室电视机的尺寸需要根据卧室大小和观看距离来确定。通常 18 平方米左右的房间宜选择 32 英寸电视机，20 平方米以上的可以选择 37 或 40 英寸的电视机。尺寸的选择要控制好与卧室之间的空间感。

③客厅以 40～50 英寸为宜。客厅的视距一般都在 1.5～3.5 米之间，尺寸选择也大致在 40～50 英寸之间。以 60 平方米以下的小户型为例，40～42 英寸的电视机会比较合适。100 平方米以上的户型，并且沙发到电视墙面的距离达到 3 米左右，50 英寸的电视机是首选。如果有足够的可视距离，则可以考虑 55～65 英寸超大尺寸电视机。

(3) 液晶电视机的挑选

选购液晶电视机要注意以下几点。

①谨防坏点。液晶面板最常见的问题就是“坏点”，选购时应加以留意。可在屏幕无信号输入的黑屏状态下，观察是否有“亮点”，反过来，将电视机亮度及对比度都调整到最高状态，观察其是否有“暗点”出现。对于大尺寸的液晶电视机，一般如不超出 3 个坏点都算在可接受范围内。

②画面是否流畅。一般液晶面板的刷新频率是 60 赫兹（也有 100 赫兹的），也就是每秒钟要换 60 次画面，并要画面无论变动与否都始终以这种频率更新显示，换算下来每个画面的持续时间是 1/60 秒＝16.67 毫秒。因此如果要显示高品质的影像效果，就要求液晶电视机应具备 16 毫秒以下的快速响应速度。另外还需要大于 9000K 的色温来呈现真实的色彩效果，以保证画面色彩的清晰自然。响应速度慢的液晶面板，其画面甚至还会出现“拖尾”、“残像”等问题，难以符合正常收看的要求。

③视角是否宽广。160°以上的广视角的液晶电视机可保证多人同时收看电视机时，都能够看到完整的画面，避免视觉死角。由于没有统一的衡量标准，所以在选购时还是主要以目测的方式，观察实际效果较为稳妥。另外选购时应尽量挑选亮度和对比度都较高的液晶电视机。亮度亮、对比度高的液晶电视机在较远处收看时，也可获得色彩层次分明、颜色艳丽的高清晰画面。

④接口是否丰富。现在购买液晶电视机更加强调多媒体功能。即通过各种信号输入接口连接如个人电脑、DVD 影碟机、游戏机等其他影音设备。接口对于液晶电视机来说也是一个非常重要的参数，接口设计的是否合理，接口是否丰富以及接口的兼容性方面怎么样，都直接关系到用户所观看到电视画面效果。从液晶电视机接口的配备情况来看，一般 AV、TV、S 端子、色差、VGA、DVI、HDMI 等都是不可少的。

（三）正确的使用方法

1. 天线及其附件的安装

在有线电视信号还到达不了的偏远地区，电视天线仍然是获得更清晰的图像所不可缺少的装置。要想接收 VHF 的电视节目，就要使用 VHF 的专用天线。

电视天线如图 5-7（1）所示，由中间设有与偶极天线起相同作用的叫做“辐射器”的装置（又叫做单元）和在前方比它稍短一些的“导波杆”和后面是较长一些的“反射杆”这三个装置组成。

导波杆起加强方向性（又叫指向性）和灵敏度的作用。又如图 5-7（2）所示。如果增加导波杆的数量，可以进一步加强前方的灵敏度与指向性，因此在离发射天线较远的地方或电波较弱和有重影（画面出现两层或三层的重叠影像）较多的地区，多采用这种多端天线。反射杆起着阻挡从后部发来的无用电波的作用。

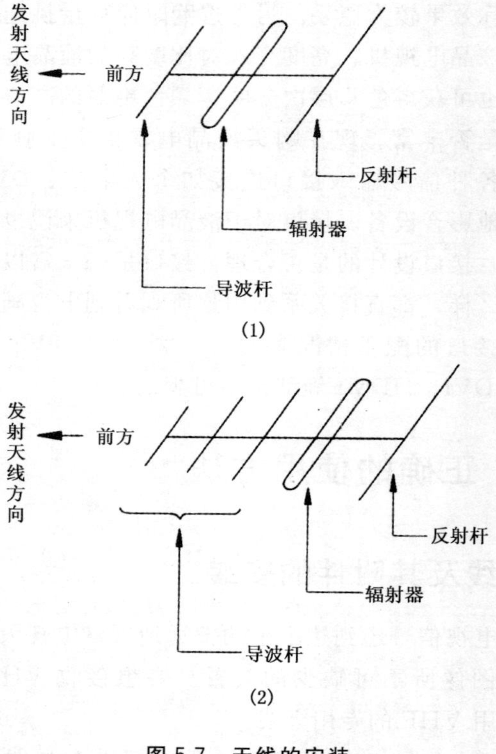

图 5-7　天线的安装

2. 摆放原则

①为防止电视机内部的温度上升，在机壳的侧面、底部和后盖设置了通风孔。不要安放于通风不好的地方及遮盖机套。

②安放要距墙壁 5 厘米以上。不要放在太深太小的电视柜

内，以免过热造成电子元件损坏，或者冒烟起火。

③请勿受阳光直射和接触取暖器具的热气、湿气及尘土。这些对机壳及零件影响不良，有时会成为故障的原因。

图 5-8　电视机的安放

3. 观看时

(1) 合理的观看距离和角度

画面同眼睛之间的位置为荧光屏高度的 5～7 倍，视线稍微向下的观看位置是最适合的。千万不能在过近的距离观看。

(2) 适当的观看环境

看电视的房间如果过度光亮及过暗会使眼睛容易疲乏，一般以阅读报纸或书籍的光亮为合适。在阳光直射的房间内，请拉上窗帘调节室内亮度。

图 5-9　电视机的观看环境

(3) 合适的画面亮度

画面过度光亮易使眼睛疲乏。要调节好，与周围的光亮相配合。

(4) 少用暂停键

以免某些零件过热，进而造成内部烧坏。

(四) 安全的使用方法

1. 混入异物是故障的原因

从通风孔等混入金属钩，发卡、硬币、金属玩具、碎纸、木片等等，会使电路产生短路，成为触电、故障或火灾的原因，要注意。

图 5-10　混入异物是故障的原因

2. 水是禁物

为了防止燃烧或触电，请避免让电视机淋雨或受潮。请不要在电视机上安放花瓶之类的带水器具。如果使水流入机壳内，会成为故障的原因。万一机壳内流入了水或其他异物时，请迅速拔下插头并与售后服务部门联系。电视机最怕潮，所以也不要靠近加湿器。

3. 请不要靠近磁铁

磁力线会使画面的色彩混乱，请注意不要将有磁性的物品接近彩色电视机。

4. 长时间不使用时要拔下插头

如外出、旅行、长时间不使用，不仅要切断开关，为了安全请将插头拔下来。

5. 勿随意拆除后盖

勿随意自行拆除后盖，否则可能会伤害到内部的精密零件。

6. 机壳和屏幕的擦拭要领

擦拭机壳和屏幕时，只要用沾水或沾有清洁剂的湿布即可使机壳和屏幕保持良好的状态。勿使用苯、汽油或其他化学品擦拭。擦拭前，请先将电视机关掉。

7. 如有雷电危险时

在有雷电的危险时，先要迅速从插座上拔下插头，此时绝对不要再用手触天线。

（五）日常的保养方法

1. 显像管电视机的正确保养方法

（1）一年一次的机内大扫除

电视机壳的内部因静电的作用容易积存尘土。如长期不予以清除，会导致性能减低或成为故障的原因。不过内部的高电压部分不要自己清扫，以售后服务部门的协助为恰。

图 5-11　清扫

(2) 机壳的保养

①机壳及前面操作部分的清扫请用柔抹布轻轻地擦净。尘污过多时可用水和洗涤剂清除，而后用干抹布擦干。使用挥发油会使机壳变质、涂漆脱落或留下污痕。

图 5-12　机壳的保养

②用手触摸荧光屏部时有时会感觉到少量电流，这是因显像管表面带有静电的原因，对人体无大影响。

图 5-13 显像管表面带有静电是正常的

2. 液晶电视机的保养维护

由于液晶电视机的构造特殊，在使用和维护上较显像管电视机的要求都要更高，只有在正确使用、维护的情况下，才能保证在享受其高画质影像效果的同时，拥有更长久的使用寿命。在日常的操作中一定要注意以下几个方面的问题。

(1) 切勿对液晶屏施加压力

液晶电视机屏幕十分脆弱，除其玻璃表面外，内侧还具有很多灵敏的电气元件，所以要避免对屏幕表面施加压力，防止元件受挤压破损，产生大量坏死点影响正常显示效果。如不小心对其施加了较大的压力，则需等待 1 小时以上，才能再次开启。

(2) 注意使用环境的冷热变化

液晶电视机适合于较干燥的环境下使用，在南方一些空气比较潮湿的地区，极易受潮发生屏幕“泛潮”的情况，造成内部电路损坏，显示画面模糊不清。这时可以买一些干燥剂放在电视机周围保持空气的干燥。如果液晶屏不小心进入了水汽，可将其放到温度较高的地方，使进入的水汽蒸发掉即可。还要注意不要将液晶电视机屏幕对着阳光直射到的地方，液晶分子在紫外线照射下会产生光化学反应，使其劣化。

(3) 避免使用纸制品或硬物擦拭

如果屏幕沾染了指印、油污等污渍，应及时使用眼镜布或专用的液晶擦拭布配合液晶清洗液轻拭屏幕表面。液晶清洗液的使用要适量，以润湿擦拭布为宜，不要将清洁剂直接喷到屏幕上，如果流到屏幕内部会造成电子元件短路。在任何情况下都要注意绝不能使用丙酮、甲苯等化学液体擦洗。并要将发胶、灭蚊剂等化学药品远离电视机。

(4) 不要长时间使用

液晶电视机的像素由许多液晶个体组成，长时间的连续使用，将会使晶体老化或烧毁，应尽量避免电视机长时间处于使用状态。另外注意不要长时间显示同一张画面，特别是大尺寸液晶电视机具备的画中画功能有些只显示静止的图像，这样会导致局部像素过热，进而造成内部烧坏，产生坏点。这种损害一旦发生，就不能修复。

(5) 千万不要私自拆卸

由于液晶显示器件工作电压极低，内阻大，所以使用的变压器电压很高。即使在关闭了很长时间后，其内部依旧会带有1000伏的高压，这种高压能够导致严重的人身伤害。如果不是专业维修人员千万不要拆卸或挪动显示屏，在更换背光灯时可请厂家或专业的服务人员进行，盲目的改动会导致液晶屏永久损坏。最后提醒大家，目前大多数液晶电视机生产厂商均提供1～3年不等的保修服务，很多厂商还提供免费上门服务以及保修期内维修费用减免等优惠措施，在购买了液晶电视机后不幸损坏，应充分利用这些应得的服务，保障自己的权益。

(六) 疑问解答

1. 显像管电视机还值得买吗

值得。实际上显像管电视机还是有可取之处的。

就收视效果而言，液晶电视机适合看高清，但是现在的电视转播特别是广大农村还达不到要求，大部分还是模拟信号。因此如果是收看模拟电视节目，液晶电视机反而不如显像管电视机。即使是安装使用了信号增强器，也改善不了太多。

至于新机价格及其维修技术的成熟，平板电视机也都还赶不上。

2. 为什么现在很少看到背投电视机了

出现背投电视机的当初，最吸引我们的是它突破了普通显像管电视机不能做到38英寸以上的局限，具有大屏幕、大块头带来的豪华和气派感。但是，背投电视机也有致命的“硬伤”，它亮度和清晰度不高，体积庞大，尤其是随着使用时间的增长，因为灯管老化带来的图像品质衰减快。因此当等离子电视机出现后，特别是液晶电视机性价比提高了之后，就体现不出它的优势了。

3. 等离子电视机和液晶电视机有什么不同

等离子显像和液晶显像的原理不同。简单地说，液晶采用背光光源通过液晶分子的旋转显像，等离子则是自有光源，其每个像素点就是一个小灯泡。由其原理可知，液晶的显像更细腻，等离子则颗粒感较重，但液晶的色彩表现力则弱于等离子。在响应时间上等离子有明显优势，但是现有的主流液晶电视机响应时间都达到了8毫秒甚至4毫秒，也可以满足绝大多数的影像要求。另一方面，液晶相比等离子有一个更大的优势，就是清晰度，液晶可以做到3840×2160这样双倍全高清，而等离子现在最高的只在50英寸以上的电视机上实现了全高清，而绝大多数的等离子连标清720P都难以达到。而液晶现在连26英寸这样的小屏幕都可以达到720P。在可视角度上等离子也略胜一筹。但对于普通用户而言，可视角度差十度也没什么关系，谁会以大于160°的角度看电视呢？等离子电视机的缺点是用电量大些（同样37寸，液晶才130瓦，等离子要350瓦），手背对着等离子屏幕就能感觉到发热。

4. 当使用中出现异常现象时该怎么自查

当使用时出现以下异常现象，有时并不完全是出现故障，建议在送出维修前再详细检查一次。经以上检查后，仍不能排除，再与专业维修公司联系。

表 5-2 显像管电视机的自查

异常现象		检查方法
图像	声音	
雪花	杂音	天线位置、方向或连接
重影	正常	天线位置、方向或连接

续表

异常现象		检查方法
图像	声音	
干扰	杂音	电器、汽车、摩托车、荧光灯（影响）
正常	无声音	检查遥控器上的静音功能是否启动
无图像	无声音	未插入电源插头 未打开开关 对比度和亮度/音量设定是否正确
无色	正常	色彩控制
（黑线滚边）扰频	正常或声音弱	重调频道
无色	杂音	试用“手动调谐”
色彩斑块	正常	附近有磁性干扰，电视机开机状态移动，选择干扰小的摆放位置及角度。按电视机上的电源钮将电视机切断电源30分钟，然后重新开机
正常	杂音	请检查伴音制式是否选择正确

表5-3　液晶电视机的自查

异常现象	产生原因	处理方法
电视图像有雪花状斑点，伴音有噪声	天线连接头松动，电缆损坏	检查天线插头是否松动，电缆是否完好
	频道设置不当	参照“搜台设置”方法，重新设置。
	天线类型不合适	检查天线类型（VHF/UHF）
	天线朝向或位置不对	调整天线方向和位置
	信号微弱	尝试使用信号增强器

续表

异常现象	产生原因	处理方法
电视图像良好，有噪声	电视伴音设置不当	进入“搜台设置”菜单，重新设置伴音制式
屏幕没有任何显示，没有声音，指示灯不亮	电源插头松动，电源没接通 电源开关没打开 机器处于待机状态	检查电源线是否连接好 按压面板上的“⏻”开关机键 按压遥控器上的“待机”键
电视图像有点线或条纹干扰	信号受干扰，如汽车、霓虹灯、电吹风机等	不要在机器旁使用电吹风机，调整天线方向，以降低干扰
电视图像重影	电视信号受周围高山或大厦反射 天线朝向不对	使用高定向天线，使用“搜台设置”的微调功能。 调整天线朝向
图像无彩色	色饱和度调节过低 彩色制式设置不当	进入“影像设置”加大色饱和度 进入“搜台设置”改变彩色制式
电视没有伴音	音量设置过低 声音被静音 伴音制式设置不当	调节音量至合适音量 按压遥控器“静音”按键解除静音 进入“搜台设置”改变声音制式
遥控距离短、失控	机器遥控接收窗有物品挡住 遥控器电池电量低	移开物品，避免挡住遥控接收窗 更换电池

注：请不要让机器长时间显示同一画面，应设置屏幕保护程序。如果长时间显示同一高对比度画面，会在屏幕上留下“残影”，且关机后不会消失，此不良现象不在保修范围之内。

六、微波炉的使用须知

（一）构造与原理

1. 微波炉的构造

微波炉的外部结构主要由腔体、门、控制面板组成。内部结构由电源、磁控管、炉腔、炉门等四个部分组成。磁控管是微波炉全机的心脏，将电能转化为微波能。

2. 微波炉的工作原理

在煮制或烤制食品时，一般采用煤气或电加热器将食品从外部加热，而微波炉则是利用电磁波来烹饪食品的厨房器具。具体地说，它通过磁控管所产生的每秒 24.5 亿千次的超高频率微波，

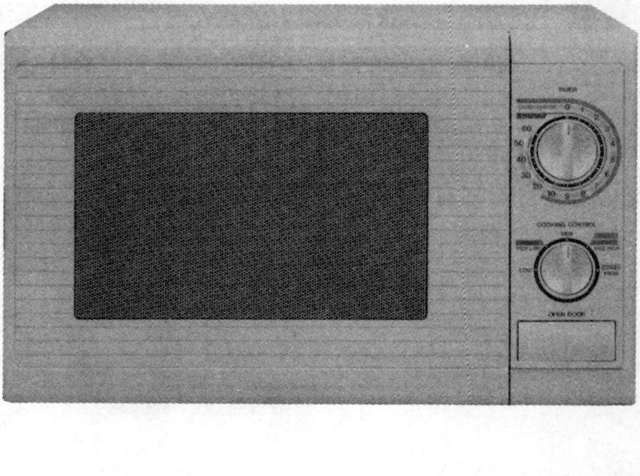

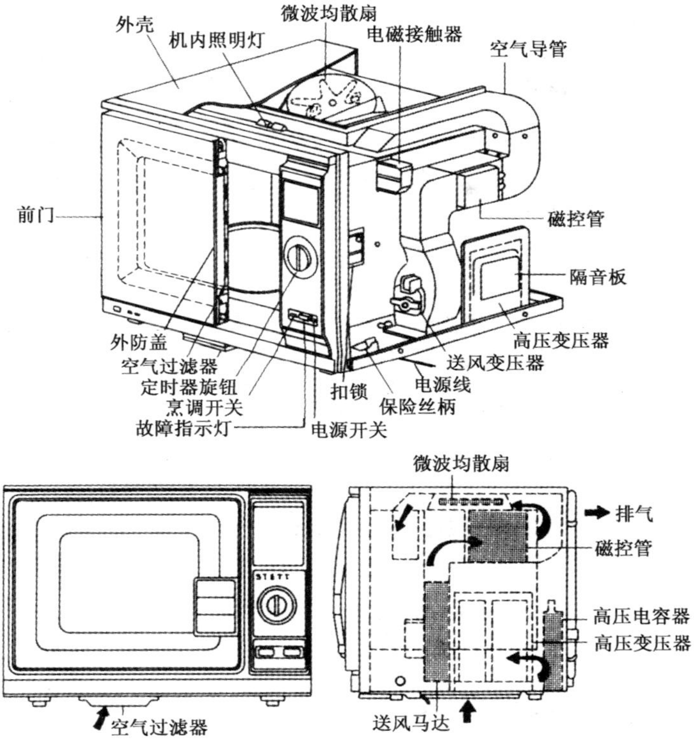

图 6-1　微波炉的构造

透过菜盘或容器进入食物内部，快速震荡食物内的蛋白质、脂肪、淀粉、水分等，使分子之间相互碰撞、挤压、摩擦重新排列组合。简而言之，即是靠食物内部的摩擦生热原理来烹调。

微波具有反射、穿透、吸收等三种特性。

反射性：微波碰到金属会被反射回来，故采用经特殊处理的钢板制成内壁，根据微波炉内壁所引起的反射作用，使微波来回穿透食物，加强热效率。但炉内不得使用金属容器，否则会影响加热时间，甚至引起炉内放电打火。

穿透性：微波能穿透食物达 5 厘米深，微波对一般的陶瓷器皿、玻璃、耐热塑胶、木器、竹器等具有穿透作用，且不会消耗能量，故上述器皿为微波烹调用的最佳选择。

吸收性：各类食物可吸收微波，致使食物内的分子经过震荡，摩擦而产生的热能。但其对各种食物的渗透程度视其质与量的大小、厚薄因素而有所不同。

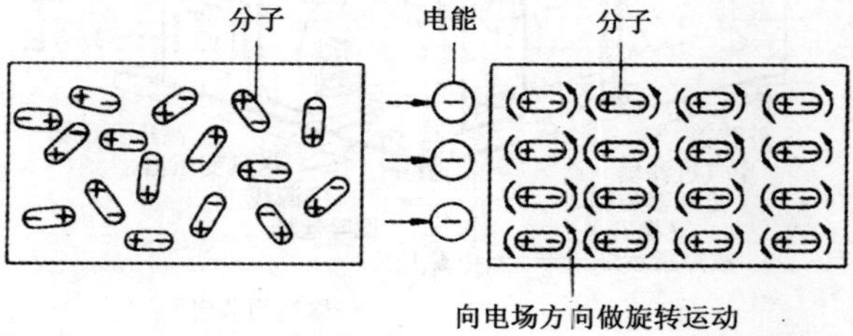

图 6-2　微波下的分子运动

（二）种类与选择

1. 微波炉的种类

微波炉从款式功能上分，一般分为单功能型、多功能型。微波炉从操作方式上分，一般分为机械式和电脑式。

2. 微波炉的选择

选购什么型号的微波炉，要视不同家庭的具体情况，如生活习惯、家庭人口数和经济条件来决定。

(1) 对功能的选择

一般来说，机械式单功能型相对价格较低，适合家庭用做加

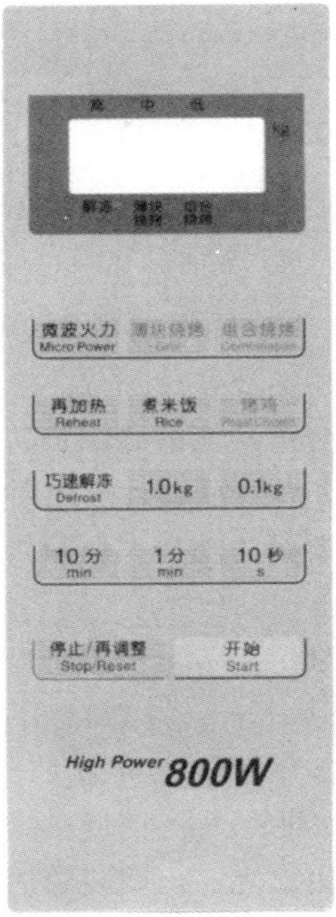

电脑式

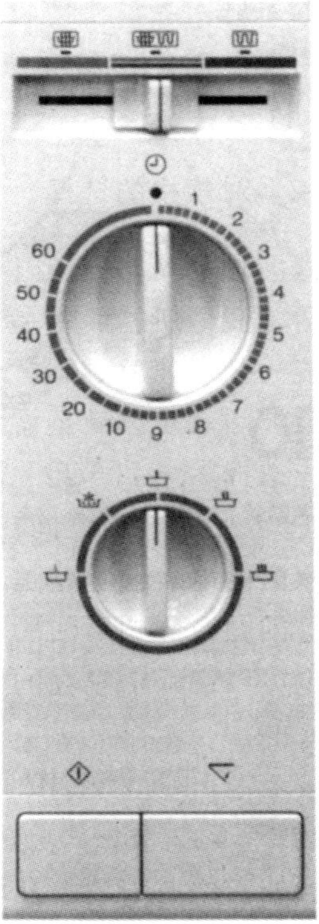

机械式

图 6-3　微波炉操作面板

热、解冻和消毒使用。电脑式多功能型相对价格较贵，但功能选择多，例如煮蒸、脆烤等，使用更方便。

如果对食品烹调及操作方式没有特殊要求，比如大部分时候用于午饭加热，选择单功能型的微波炉可谓物美价廉，它完全可以满足日常使用需要。一般家里有小孩子和老人的家庭，可以选择操作简便的普通型微波炉。

如果经济条件好，可以选择一些多功能微波炉，比如喜欢吃烧烤的家庭，经济条件较好的，可以选择带烧烤功能的微波炉。这也需要考虑各种功能在自己家庭生活中使用频率及依赖性的大小。

(2) 对规格的选择

微波炉的功率是其主要规格，也是选购时应重点考虑的因素。通常我们所指的多是微波输出功率，微波炉输出功率越大，加热能力和迅速就越强。一般说来，3～4 口之家选用 650～800 瓦的微波炉就足以满足需要。如果生活中需要快速加热、烹调食品，应选择大于 800 瓦的微波炉。带有烧烤功能的微波炉功率一般在 1000～2500 瓦之间。对于喜欢大功率的家庭，选用时还应考虑家庭的电表及电路是否能承受，不要因为功率大而频繁发生跳闸等问题，影响了使用。

也可以视一个家庭的生活节奏快慢来定，节奏快的可以选择功率高的。

检查输出功率效果时，可用一杯 2 升的清水放置炉腔中，500 瓦功率的微波炉 4 分钟内即可将其加热。

另外，微波炉炉腔容积也是要考虑因素之一。微波炉炉腔容积 15～30 升的都有，容积大，功率相应也大。如果家庭中大容积食物烹调的需要并不是太多，一般家庭应用 18～25 升容积就较为适用了。消费者在选择炉腔容积时，不要忽视了腔内底板的面积大小。因为底板面积越大，加热越快，热度越高，受热面积越均匀。在底板面积相同的前提下，容积为 23 升和 21 升的微波炉相比，显然是 21 升的微波炉热效率更高。

(3) 对品牌的选择

微波炉是技术要求比较高的产品，微波泄漏对人体安全影响较大，因此选择微波炉时品牌显得相当重要。从总体上看，国产微波炉质量并不逊色于进口产品，并且售后服务更有保证，所以消费者可放心使用。

(4) 对外观质量的选择

对外观的选择包括造型、色彩、表面质量和零件的配合。造型是看产品是否美观大方；色彩是看产品摆放在厨房中与其他器具是否协调。表面质量要求产品表面无机械碰伤和擦伤，还应该看炉门能否紧闭，其金属外壳不应有过大的缝隙。面板要求平整，色泽均匀，光泽好。此外，噪音也是不可忽视的因素，噪音大说明微波炉的性能不是很理想。

(三) 正确的使用方法

请详细阅读微波炉使用说明书，并列举下述各例。

1. 忌超时加热

如将少量食品加热时间过长，使食品内部水分被蒸发干而不可食用。炉腔内没有可加热的食物即处于空开时，也会使磁控管损坏，造成微波炉发生故障。溅出来的液体，也还会腐蚀微波炉内胆。

加热食物前应该用盖子或微波炉专用的保鲜膜将器皿盖住，别忘了在保鲜膜上扎几个洞好出气。

2. 忌油炸食品

因高温油会发生飞溅导致火灾。万一不慎引起炉内起火，切忌开门，而应先关闭电源，待火熄灭后再开门降温。

3. 鸡蛋的加热禁忌

由于鸡蛋会被快速加热，所以请注意下列事项：

①由于生鸡蛋外壳会发生破裂，所以请勿使用微波炉来煮熟鸡蛋。

②煮熟的鸡蛋直接放入也会发生破裂。

③半生的荷包蛋或火腿炒蛋也都不要加热时间过长。

4. 带有外壳的干果

栗子、银杏等带有外壳的干果，切开或剥去外壳后再加热，否则加热后外壳会迸裂、飞溅、弄脏炉壁，甚至溅出伤人。

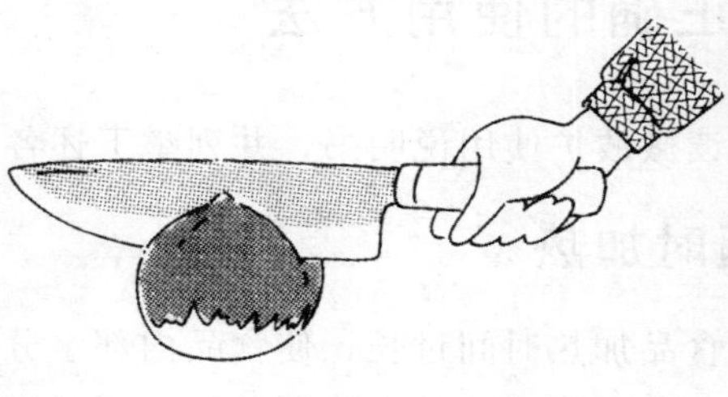

图 6-4　带壳食品

5. 冷冻食品的正确解冻方法

忌将肉类解冻至半熟后再用微波炉加热。因为在半熟的食品中细菌仍会生长，第二次再用微波炉加热时，由于时间短，不可能将细菌全杀死。冰冻肉类食品须先在微波炉中解冻，然后再加热为熟食。

忌再冷冻经微波炉解冻过的肉类。因为肉类在微波炉中解冻后，实际上已将外面一层低温加热了，在此温度下细菌是可以繁殖的，虽再冷冻可使其繁殖停止，却不能将活菌杀死。已用微波炉解冻的肉类，如果再放入冰箱冷冻，必须加热至全熟。

正确的解冻方法是根据食品原有温度调整时间，使食品成半解冻状态。

6. 瓶装罐头等带盖的食品

加热带有密封盖或密封带的容器食品时，在加热之前，务必取下密封盖或带。

请勿将瓶装罐头等带盖食品原封不动地加热，内装的食品会急剧膨胀，使容器破裂，所以请千万不要忘记去掉上盖。（微波炉内不可使用金属类容器，以防发出火花，发生故障）。

7. 忌使用口小的容器

口小的瓶子发生喷出现象，所以加热时请换成口大的瓶子等容器。

加热液体时应使用广口容器，因为在口小的容器内加热食物，即使摘去瓶盖仍然会因为产生的热量不容易散发，使容器内压力过高，引起爆破事故。另外厚玻璃或厚度不均的容器会在受热时破裂，请不要使用。

图 6-5　忌口小的瓶子

8. 确定加热时间

加热时间根据食品的温度、数量、含水量而确定。烹调读物上已有标准时间，实际使用时请酌情增减。

9. 可用、不可用的容器

烹调器皿可使用微波炉专用玻璃陶瓷器皿及耐高温塑胶器皿，让微波易于穿透的器皿，不应使用铝、不锈钢等金属器皿，因为微波难以穿透金属，无法加热食物，且易烧坏磁控管。

忌用普通塑料容器，因为普通塑料会放出有毒物质，污染食物，危害人体健康。

图 6-6　正确地选择烹调器皿

如果食物外面包装有锡纸，要先将锡纸去掉才能进行加热，否则放入炉腔内会引起火花甚至燃烧，十分危险，特请注意。

请注意根据下列一览表使用微波炉可用容器。

表 6-1　容器使用说明

容器的种类		说明	微波炉传感器烹调快速加热慢速加热	蒸锅	蒸气与快速度并用	烤盘、烤箱	烤盘、烤箱与快速加热并用
玻璃容器	耐温容器	耐高温玻璃、硼硅酸玻璃等耐热性强的玻璃容器，适用于各种烹调方法	●	●	●	●	●
	普通容器	●普通的玻璃杯、牛奶瓶、哺乳瓶等可用于热酒和牛奶 ●雕花玻璃、强化玻璃、晶体玻璃都不能在微波炉内使用	●	—	—	○	○
陶瓷容器	耐温容器	●适用于各种烹调方法	●	●	●	●	●

续表

容器的种类		说明	微波炉传感器烹调快速加热慢速加热	蒸锅	蒸气与快速度并用	烤盘、烤箱	烤盘、烤箱与快速加热并用
陶瓷容器	普通容器	●有裂缝、带伤及涂有金、银粉等华丽图案的容器都不适用于微波炉和蒸锅	●	●	●	○	○
塑料容器	耐温容器	●根据家庭用品质量说明，耐热温度在120℃以上的容器，可使用于100℃以下的食品	●	●	●	○	○
	普通容器	●苯乙烯容器（杯子、盆等） ●蜜胺容器（幼儿餐具、盆等） ●聚乙烯容器（盆等）	○	○	○	○	○

续表

容器的种类		说明	微波炉传感器烹调 快速加热 慢速加热	蒸锅	蒸气与快速度并用	烤盘、烤箱	烤盘、烤箱与快速加热并用
铁签、铁网等		●铝制品（饭盒、盆等）、搪瓷制品（杯子等）不能用于微波炉 ●手柄部分是塑料制品的不能使用于电烤箱，焙器等	○	●	○	●	○
竹、木、纸清漆、涂漆容器等		●竹、藤制品（篮子、筐箩等）、纸制品（杯子、盘子等）热度过高会烤焦 ●清漆制品（湿毛巾盘）、涂漆制品（日本式汤碗）的涂料会脱落	○	○	○	○	○

续表

容器的种类		说明	微波炉 传感器 烹调 快速加热 慢速加热	蒸锅	蒸气与快速度并用	烤盘、烤箱	烤盘、烤箱与快速加热并用
保鲜塑膜		●食品温度不得超过100℃	●	●	●	○	○

●：可以使用的容器

○：不可使用的容器

（四）安全的使用方法

1. 避免微波对人体产生危害

需要特别说明的是，只要正确使用微波炉，就可以避免微波对人体产生危害。

（1）检查并保证炉门的密封性

每一台微波炉在制造的每一个过程中，都经过严格的检查，确保微波不外泄。微波炉的门经过特别的设计，有多重安全保护装置。在门打开的瞬间，微波立即停止发射，以确保使用者的安全。

（2）工作时离炉门1米以外

国际电工委员会（IEC）标准严格规定，离微波炉5厘米处，微波炉微波泄漏量不得大于每平方厘米 5 毫瓦。从微波炉中泄漏出来的微波在空间传播时，它的衰竭程度与离微波炉的距离平方大致成反比关系。这就是说，假如在微波炉炉门处每平方厘米的微波炉泄漏有 10 毫瓦的话，那么在 1 米以外的空间只有 0.001 毫瓦的强度了。这就将微波可能对人体的伤害降到了微乎其微的地步，所以使用微波炉对人体不会造成危害。

(3) 眼睛是最易受微波伤害的部位

使用微波炉时不要把脸贴近炉门的玻璃板观察食品烧煮情况，以免微波损害眼睛。这是因为微波也是一种电磁波，具有能量，家用微波的工作频率是 2450 兆赫，在这一频段上，人体最易受微波伤害的部位是眼睛的水晶体。

2. 地线要完全接地

为防止发生触电的意外事故，请一定安装并使用地线。地线请按照规定进行安装，切勿用水管或煤气管代替。

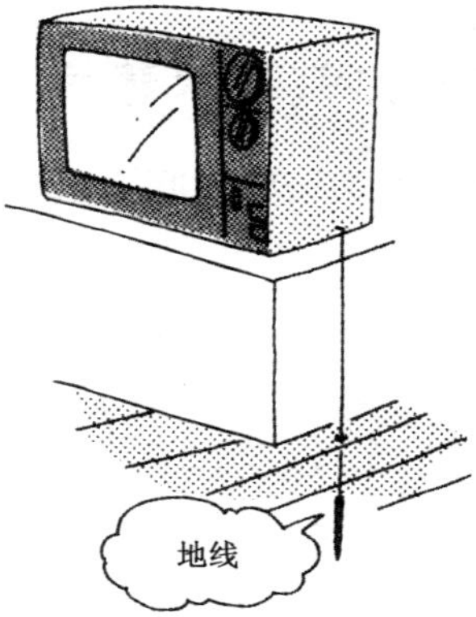

图 6-7 给微波炉安装地线

3. 请使用专用插座

由于微波炉使用的电量较大，安装时请一定使用专用插座，在同一个插座上不要同时使用其他的电器。

图 6-8 微波炉一定要使用专用插座

4. 请放置在安定平稳的地方

由于微波炉重量较大，请放置在平稳结实的台子上。如有倾斜，烹调中的食品汁会溢流出来。

5. 请注意避开热气和水蒸气

如将微波炉放置在离煤气炉较近的地方时，热气或正在烹调

图 6-9 避免受潮

中的水蒸气会进入微波炉内，会引起故障。请注意不要放置在40℃以上高温和90%以上高湿的场所。

6. 注意不要沾水

微波炉如沾上水后会引起漏电的危险，也是发生故障的原因。每次用完之后，应该用软布将炉腔和外壳抹拭干净。

图 6-10 避免沾水

7. 不要堵住通气孔

注意不要用物品覆盖在微波炉的通气孔上。通气孔起着冷却炉身的作用，如堵住便无法散热，因此，请放置在离开墙壁 10 厘米的地方。

8. 注意避开电磁干扰

由于微波炉发出电磁波，如放置在离电视机或收音机较近的地方时，会引起画面杂乱、掺入杂音等现象，因此请放置在距离大约 4 米的地方。也忌将微波炉置于卧室内，这既是安全的需要，也是卫生的需要。微波炉也不要放在磁性材料的周围，否则将影响其工作效率。

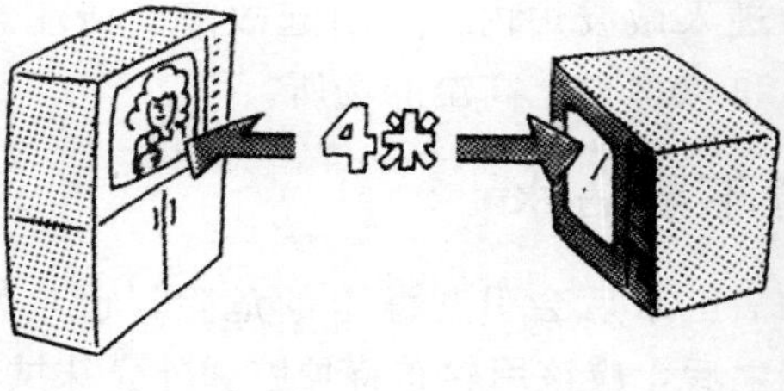

图 6-11　避免电磁波干扰

（五）日常的保养方法

①炉腔内请注意经常保持清洁。使用后在箱内壁和转盘上沾上水后用拧干的抹布擦去污垢。

②粘上的调料请立即擦去。

③炉门及操作部分的污垢也应注意定期清扫。

④这些清扫过程中切勿使用溶化剂、挥发油、去污粉、金属刷子等，以防引起变色、变形及损伤。

⑤请注意不要用于烘干湿抹布，一不小心就会烧着抹布。

⑥炉门在使用时不要夹上其他东西，内部的电磁波会泄漏到外面，容易造成伤害。

⑦注意容器不要撞击炉腔内壁及正面门等，如发生变形会引起电磁波泄漏的危险。

⑧请绝对不要拆下外壳，因为内部装有高压线路，会引起触电危险。

（六）疑问解答

1. 微波炉烹调方法有哪些

（1）煮

①所谓“煮”是利用食品内所含的水分加热，因此为了不使水分蒸发，烹调时请将容器盖盖好。

②烹调青菜时，如使用保鲜塑膜封闭好，可使青菜保持色鲜味美。

③出涩液的蔬菜在煮后，请用清水洗净。

（2）蒸

①蒸时需要加水或酒的食品，烹调时要使容器内的温度保持平均。

②蒸肉时可在完全成熟前关闭开关，利用炉内余热使肉变软（这叫做余热加温）。

（3）炖

①炖鱼要使用稍大一些的容器，将浸泡过炖汁的鱼放在里面加以烹调。在炖汁里浸泡的时间长一些，味道会更美。

②如果加青菜炖时，先用微波炉加热后再放在火上炖会更好。

③炖菜里使用的肉类，最好先加油炒一下后再做。

④炖菜时先用强力加热，煮沸后再转换到弱力慢慢炖。

(4) 烤

①在烤鱼或肉时，请在容器底部铺设筷子，将烤物架起再烤。

②想要表面焦黄时，请先用铁网烤架或炒盘将表面烤焦后再使用微波炉烹调。鱼类要在使用微波炉烹调后再烤表面。

③鸡大腿在烹调时，如将鸡腿细部用锡纸包好再烤，效果更佳。

(5) 重复加热

将变冷的菜肴再度加热叫做重复加热。使用微波炉加热十分方便，请您多加利用。

2. 使用微波炉烹调，会不会降低食物的营养价值

因为使用微波炉烹调所需时间较短，因此食物的营养价值不会受到过大的损失。下表是几种蔬菜内维生素的残存率比较。

表 6-2 维生素残存率

	以往的加热方式	使用微波炉
菠菜	69％ 煮沸 5 分钟 冲洗 1 分钟	82％ 加热 2 分钟 冲洗 1 分钟
圆白菜	73％煮沸 5 分钟	93％加热 2 分钟

3. 前次烹调的食品味道会不会传到下一次的菜肴里

尤其是在烹制过鱼肉类食品后，要做彻底清扫，否则再要做

点心等时，味道会受到影响。

4. 使用微波炉可不可以将食品表面烤焦黄或上色

不可以将食物表面烤焦黄。因此肉需要在加热前，鱼需要在加热后使用炒盘在煤气上将表面再加工，而食物内部则可使用微波炉烹熟。在酱油汁内浸泡一段时间再用微波炉烹调也是一个办法。

5. 烹调的食品，熟度不匀是为什么

一次烹调的食物过多或由于形状大小及放入微波炉内的位置不同，有时产生熟度不匀现象。这时可分成 2～3 次进行，以及按形状大小分开和重新放置位置等。

6. 使用微波炉是否可以进行局部少量加热

请用锡纸将想要少量加热的部分包起来，就可以达到局部的少量加热。

7. 使用微波炉解冻食品的正确方法是什么

冷冻食品的温度大多在－20℃左右，食品内的水分冻成了冰，因此可采用短时间解冻，然后利用余热加温，这样解冻效果较好。

解冻后的食品请尽快使用。需要在新鲜的状态下烹调的食品，其解冻时间不要过长。

8. 怎样才能在烹调时不失去水分

使用微波炉烹调仍然需要一定的水分，因此可利用保鲜塑膜、湿布等，加热时间也不需过长。

9. 涩味重的青菜，应怎样焯煮

将蔬菜洗净后放在带盖的容器内或用保鲜塑膜包好后再放入炉内，熟后用清水洗时，用手轻轻搓洗即可去除涩汁。

10. 利用微波炉重新加热食品非常方便，但味道怎样呢

使用微波炉加热的食品与刚做好的食品味道相同，而且颜色和形状都不会发生变化。

七、电磁炉的使用须知

电磁炉是种新型的家用电器，可以对食物进行炒、炸、蒸、煮、炖等加工，可控制火力，操作十分方便。与传统灶具相比，具有热效率高、安全性好、清洁卫生、烹饪效果好、费用低廉等优点。

（一）构造与原理

1. 电磁炉的构造

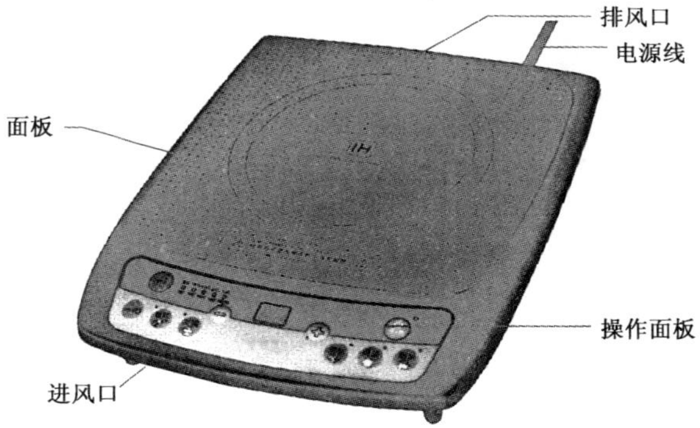

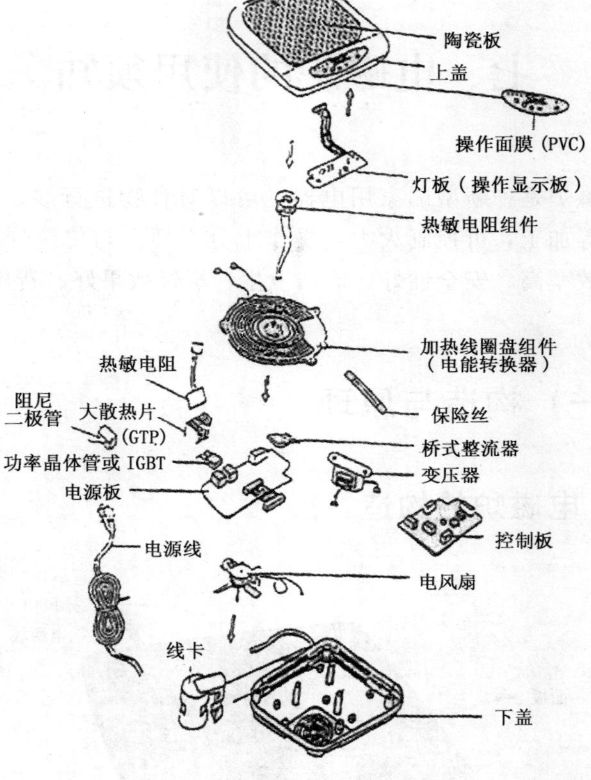

图 7-1　家用电磁炉的构造

2. 电磁炉的工作原理

电磁炉主要是利用电磁感应原理。当电流通过线圈产生交变的磁场，在锅具底部反复切割变化，使锅具底部产生环状电流（涡流），使锅具本身发热。这种振荡生热的加热方式，能减少热量传递的中间环节大大提升制热效率。

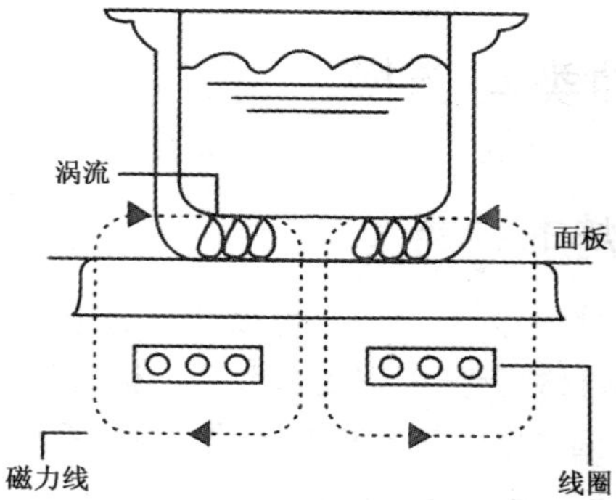

图 7-2　家用电磁炉的工作原理

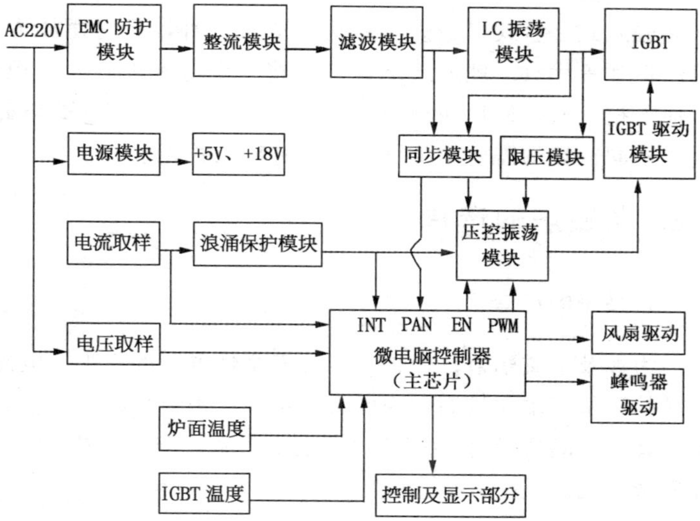

图 7-3　电磁炉的电路方框图

（二）种类与选择

1. 电磁炉的种类

电磁炉的种类就面板而言，可以从形状上分出平面、凹面，圆形、方形，从材料上分出陶瓷和黑晶，从显示方式上分出荧光彩色显示（高档系列）、蓝屏液晶显示（中档系列）、数码管显示（中档系列）、LED 显示（低档系列）、无显示（低档系列）等。关注面板的规格、质量，对于使用是很重要的，电磁炉的很多功能设计可以在面板上面体现出来。

电磁炉的种类还可以就其安装方式进行划分，分出台式、埋入式和嵌入式。台式电磁炉有单头和双头两种，具有摆放方便、可移动性强等优点。埋入式电磁炉是将整个电磁炉放入橱柜面，在台面上挖个洞，使灶面与橱柜台面成一个平面。嵌入式电磁炉可适应不同锅具的需要，不再对锅具有特殊的要求。

2. 电磁炉的选择

(1) 品牌的选择

因为涉及电磁辐射、保护功能等安全性方面的要求，电磁炉对产品的质量要求比较高，因此必须选择技术力量雄厚、信誉度高的品牌，产品要通过 CCEE 中国电工产品安全认证及 ISO9001 国际质量认证。

(2) 功率的选择

目前，投放市场的电磁炉功率均在 1000～2400 瓦之间，并分成若干档。功率越大加热速度则越快，但耗电也越多，售价随之越贵，因此选购时应根据用餐人数以及使用情况而定。一般来说，3 人以下家庭选 1300 瓦为宜；4～5 人选 1600～1900 瓦为宜；6～7 人选 1800～2100 瓦为宜；8 人以上选 2100 瓦以上电磁炉。

(3) 关键元器件的选择

电磁炉质量好坏，取决于高频大功率晶体管和陶瓷微晶玻璃面板的质量优劣。选购时，务必购买高速、高电压、大电流的单只大功率晶体管的电磁炉，因其质量好、性能优、可靠性高、不易损坏。

(4) 保护功能的选择

选购的电磁炉应具有多种保护装置，包括小件物品保护、过热自动停机保护、电源过压或欠压自动停机保护、空烧自动停止加热保护、2 小时断点保护、1～2 分钟自动停机保护以及声光报警显示等。选购时，应按使用说明书有关检测方法，通电试机看其保护功能是否工作正常。

①小件物品保护：对一些小件的铁质金属制品（直径小于 8 厘米），电磁炉将无功率输出，防止不当加热。

②过热自动停机保护：当电磁炉炉面温度过高时，电磁炉会自动停止功率输出，并发出长鸣“哔”声报警，直至炉面温度恢复正常。

③电源过压或欠压自动停机保护：当电源电压过低或过高时，电磁炉将自动补偿电压，调整功率输出，并低于 180 伏时，操作无反应，高于 270 伏不工作。

④空烧自动停止加热保护：当炉面没有放置器皿，或器皿放置太偏，或器皿材质不适合时电磁炉都不会有功率输出，且发出“哔”声报警，直至平盘放置正确的器皿时，才会恢复正常工作。

(5) 外形的选择

可以选购外观美观大方、色泽浅淡和谐的电磁炉。

(三) 正确的使用方法

1. 电源布置要合理

①电磁炉必须使用各项技术指标符合标准的、带地线的三孔插座（最好选用有 CCC 标志的产品），绝对不可自行换用没有地线的两孔插座，因为两孔插座插头插上后易松动、不牢固且不符合国家标准，这样易产生瞬时打火，电流增大，较危险。

②插座不要位于电磁炉的正上方，防止热量上升烧烫电源。

③周围若有易使电流发生骤变且较为频繁的电器，如电焊机、冲击钻、电锤等或其他高功率用电器，如冰箱、洗衣机、热水器等与电磁炉同时使用，则较易损坏电磁炉，应引起注意，最好使用带有过流保护装置的插线板或选用稳定电源。最好不同时使用或尽量不在电磁炉工作的同时开关其他家用电器，以免损坏电磁炉。

2. 摆放位置的选择

电磁炉工作时机体内部会产生一定的热量，为使电磁炉发挥更好的作用，并正常工作，延长其使用寿命，这部分热量要及时的排放出去，所以切勿在四周空间不足的地方使用电磁炉，应使电磁炉的前部与左右两侧保持干净，利于空气流通及散热。不能有金属丝和异物进入吸气或排气口的缝隙内。不能在可能受潮或靠近火焰的地方使用电磁炉。

3. 电磁炉的操作举例

图 7-4　电磁炉的操作面板

(1) 启动

将电磁炉电源线插入专用插座，蜂鸣器“哔”一声报响，指示灯点亮后熄灭，开/关指示灯闪烁，电磁炉进入待机状态，此时按动操作面板中的“开/关”功能键启动电磁炉，电磁炉自动进入火锅工作状态。

(2) 操作程序

在电磁炉正常工作的状态下，按动操作面板中的任一功能键，进入此功能的工作状态，同时相应的指示灯也同时点亮，当电磁炉处于煎炸、火锅的工作状态时，可以进行当前的火力调节。即按动“＋”、“－”键进行自己所需要的火力调节。

①当电磁炉处于正常的工作状态时，按动“煮饭”功能键一下，电磁炉内的蜂鸣器“哔”一声报响，表示此时电磁炉已进入自动煮饭状态，此时电磁炉为锁定的工作模式，按动“＋”、“－”功能键无效，当锅内温度达到机内程序所设定的温度点时，电磁炉“哔”一声报响，同时将自动转入“25”分钟的倒计时状态，数码管显示“25”且电磁炉将进入断续加热的煮饭模式，当倒计时为“0”时电磁炉将自动关机，此时煮饭程序完成。（注：煮饭请使用复合底专用煮饭锅。）

②电磁炉处于正常的工作状态时，按动“烧水”功能键一下，电磁炉内的蜂鸣器“哔”一声报响，同时烧水指示灯点亮，表示此时电磁炉已进入自动烧水状态，此时电磁炉为锁定的工作模式，按动“+”、“-”功能键无效。当锅内的水被煮开时，在3分钟之内电磁炉会自动停机。此功能不能在煮火锅时使用。

③按动“煲汤”功能键一下，电磁炉内的蜂鸣器“哔”一声报响，同时指示灯点亮，表示此时电磁炉已进入自动煲汤状态，此时电磁炉为锁定的工作模式，按动“+”、“-”功能键无效。

④当电磁炉处于煎炸、火锅的工作模式时可以进行定时设定，即按动控制面板上面的“+1”和“+10”功能键进行自己所需的时间设定。设定时显示屏显示“00”，按动“+1”功能键则时间的个位数闪烁，且以1分钟递增；按动“+10”功能键则时间的十位数闪烁，且以10分钟递增。设定完成后自动生效并且时间以1分钟递减，当显示屏显示“00”时自动进入待机状态。最长定时时间为99分钟。

(3) 关机

使用完后可按“开/关”键结束工作。当各设定功能未能达到所设定时间，须人为关机，则按“开/关”键进行关机，最后拔下电源线。

4. 电磁炉用具的选择

(1) 适用的锅类、容器

铁系（珐琅、模铸、不锈钢）底部直径12厘米以上，30厘米以下，底部平坦的锅具。

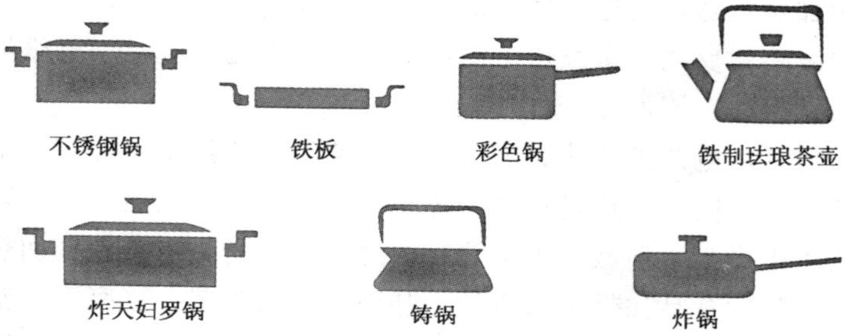

图 7-5　适用的锅类、容器

(2) 不适用的锅类、容器

以陶瓷、玻璃、铝、铜为材料的锅具、容器底部直径不超过 12 厘米、底部不平坦的锅具。

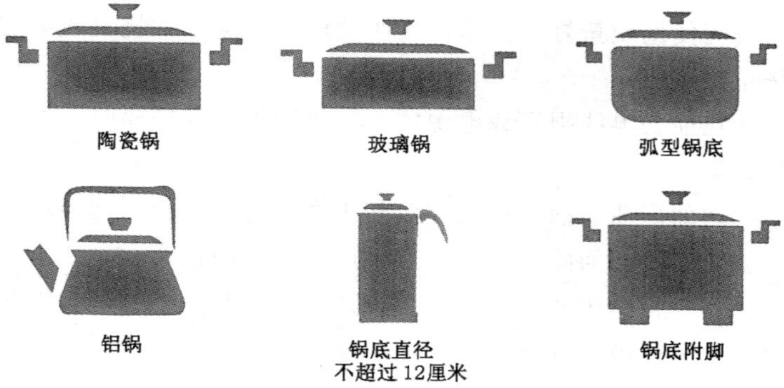

图 7-6　不适用的锅类、容器

(3) 电磁炉使用方法和微波炉使用方法的区别

最大的区别在于电磁炉必须使用带铁磁性金属锅底的平底锅

作为加热容器，而这是微波炉忌用的器皿，如果使用，会引发微波炉故障；反之，微波炉上使用的容器置电磁炉上时，电磁炉不会正常工作，不加热。

另外，电磁炉加热、烧煮食物与使用普通炉子一样，只不过发热方式不同，加热过程食物还是从外逐渐向内加热，比如还是可以煮带壳蛋；但微波炉加热是内外一起进行，当烧煮、加热带封闭空间的食品如带壳的蛋类，甚至整只的蛋黄、豆腐干、密封较好的盒子等时都会发生“爆炸”，即因被封闭气体被迅速加热膨胀冲开包裹它的“外壳”的情况，听到炉内发出的爆破声。

(四) 安全的使用方法

1. 使用之前

①应使用质量好的插座，插座接触不良会导致烧机或电磁炉无法正常工作。

②在插头电线损坏或电源插头未牢固地插入插座时，切勿使用电磁炉。

③切勿弯曲、捆扎电线或对其施力过度，这会引起损坏。

④切勿使任何障碍物附在本机插头或电源插座上。

⑤切勿将插头插入已插有几个其他电器装置的插座，电流不得超出插座的极限（本装置的使用电流约为 10 安）。

⑥切勿在可能受潮或靠近火焰的地方使用电磁炉。

⑦电磁炉在放置了一段时间后，若重新使用电磁炉，请先通电 10 分钟，使电磁炉内部电子元件稳定后，再开机进行功能操作。

2. 使用之时

①切勿放置在不平稳的平面上。

②切勿阻塞吸气口或排气口、避免炉内超温。

③切勿在儿童可触及电磁炉、或儿童能自行使用的地方使用电磁炉。

④切勿对空锅加热或加热过度。

⑤切勿将诸如刀、叉、勺子、锅盖与铝箔等金属物品放置在顶板上，因为它们会受热。

⑥被加热的锅具应该有排气孔或者排气缝。如果是密封的容器或者是罐头，则很容易发生意外。

⑦切勿在盛放锅具的状态下搬运电磁炉。

⑧切勿在四周空间不足的地方使用电磁炉、应使电磁炉的前部与左右两侧保持干净。

⑨切勿使用金属丝和异物进入吸气或排气口的缝隙内。

⑩切勿使物品跌落在顶板上。如表面出现裂纹，应立即关掉电源，拔出插头并送往修理。

⑪如果使用电磁炉的过程中发现不正常停机或报警等异常情况，一定要马上停止使用，及时与厂家维修部进行联系和咨询，如确定有问题，请专业维修人员进行处理，千万不可自行拆卸。

3. 使用之后

①炒菜锅在使用后不要置于炉面上，避免下次使用时难以启动。

②烹调结束，锅具产生的高温热量会传导至电磁炉顶板，切勿立即触摸该顶板。

③切勿用拉扯电线的方法拔出插头。

④在确认不用电磁炉时，切勿使电源线续处于接通状态。

（五）日常的保养方法

1. 电磁炉的清洗

①擦洗前请先拔掉电源线。

②面板脏时或油污导致变色时，请用去污粉，牙膏或汽车车蜡擦磨，再用毛巾擦干净。机体和控制面板脏时以柔软的湿抹布擦拭，不易擦拭的油污，可用中性洗洁剂擦拭后，再用柔软的湿抹布擦拭至不留残渣。

③切勿直接用水冲洗或浸入水中刷洗。

④经常保持机体的清洁，以免蟑螂、昆虫等进入炉内，造成机体失灵。

⑤吸气/排气罩可拆卸用水直接清洗或用棉花棒将灰尘除去，也可用牙刷加少许清洁剂清除。

2. 电磁炉的收藏

在长时间不需使用电磁炉时，首先要擦洗干净、晾干机体后收藏起来，不要放在潮湿环境中保存，要放于干燥处且包装内尽量放一些干燥剂和蟑螂药，避免挤压，以备再用。

（六）疑问解答

如发现在电磁炉操作上有下列问题，在送修前请先作以下检查。请切勿自行拆装、修理，避免危险及对机体造成危害。如果电源线损坏，为避免危险，必须由本公司或维修部或类似的专职人员更换。

1. 在插插头时未听到“哔”一声，按电源键指示灯不亮，为什么

检查插头是否脱落？电源自动开关或保险丝是否断路？是否停电？

2. 发出“哔”警告 15 秒钟后停机，这是什么意思

检查使用的锅是否适合？锅是否摆放平盘中央部位？锅底直径是否大于 12 厘米以上？

3. 电磁炉在使用过程中有时会有“滴”的声音，这是什么意思

这“滴”的声音一般是提示作用，可能是用户调整火候、关闭电磁炉、其他保护功能等。不同的电磁炉设计均有不同的提示。如果提示声音响起，用户不妨看看火候、时间是否调整正确。

4. 电磁炉在使用的过程中有噪音是否正常

正常电磁炉的使用过程不应该有明显的噪音，排气扇的声音一般不会造成噪音。如果在使用的过程中出现噪音问题，应该检查噪音源，如果只是很细小的电流声这可能是高频变压器产生的声音，属于正常范围。如果发现是内部异常声音，应该将电磁炉拿去送修。

5. 使用中突然终止加热，该怎么办

检查四周环境的温度是否很高？吸气口、排气口是否堵塞？风扇是否转动？保温状态时，表示已达到所设定温度。有时是保

护装置作用，等数分钟至10分钟再确认。

6. 保温中温度无法控制，要做何检查

检查所使用的锅底是否凹凸不平，或中心部位凹陷？加热功能指示灯是否亮？

7. 沙锅可以放在一块金属块上用电磁炉加热吗

不支持、不建议用户这样做！虽然这在理论上可行，而且电磁炉专用沙锅原理也就是在锅底添加金属块加热。但这样做具有明显的危险性。不但金属块有可能会烫伤用户，加热时间会变长，既耗能又不安全。建议用户不要这样做。可以买电磁炉专用沙锅来烹调，因为这是经过质量检测，具有安全保证。

8. 电磁炉的使用对怀孕的妇女有影响吗

一般来说，质量严格把关的电磁炉不会有泄露电磁辐射的问题。所以，我们在选购电磁炉的时候就应该选择大品牌，有质量的保证。至于电磁辐射的问题，基本所有家电都会产生一定安全范围内的辐射，孕妇不可避免都需要使用家电，只要电磁炉是正常的就可以使用。因此，笔者认为无需过于担心辐射问题。有此担心的用户也可以尽量少用。

9. 电磁炉一般的寿命是几年

电磁炉正常使用一般最少应在1万小时以上，大概使用5年。但是，它的使用寿命主要取决于其工作环境，一般来说恶劣的工作环境会导致电磁炉使用寿命降低。所以日常要注意对电磁炉的保养清洁，干净的工作环境可以延长电磁炉的工作寿命。

八、电吹风的使用须知

电吹风的作用在于吹干头发和整形。过去主要在美发馆使用，现在已普及大部分的家庭，成为日常生活不可缺少的一个小家电。

（一）构造与原理

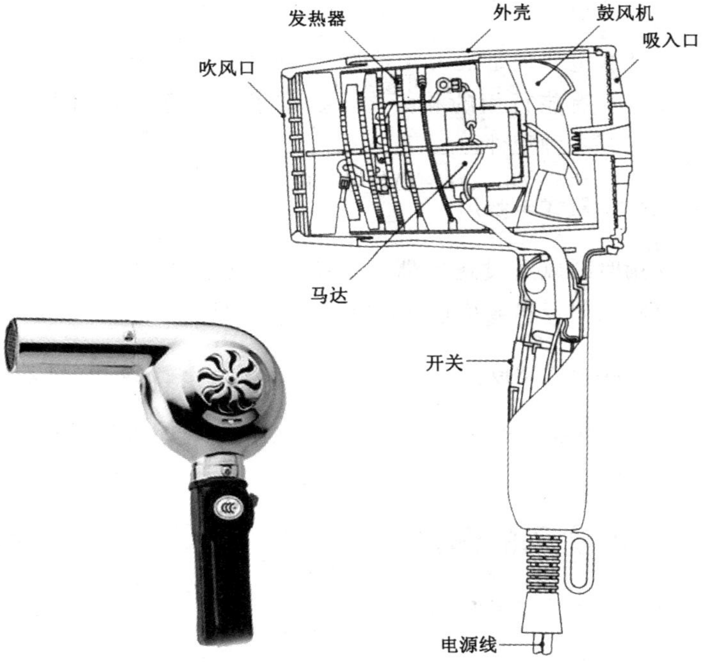

图 8-1　电吹风的构造分解

电吹风的工作过程是，通过鼓风机使叶片转动，将空气由吸入口有效集中并引导到吹风口，又通过发热器使风变热后由吹风口吹出。

（二）种类与选择

1. 电吹风的种类

电吹风根据使用目的和方法可以分成手持式、头罩式和头盔式。

(1) 手持式电吹风

手持式电吹风是最为普通的，按照耗电量分有300～1000瓦各种型号。有旅行用的和为吹干、整形用的等。附加需要的刷子、梳子等各种配件。

(2) 头罩式电吹风

使用时暖风通过送风器传到头罩，由头罩将热量辐射给头发。可收入旅行箱或挎包内，搬运十分轻便。

(3) 头盔式电吹风

与理发馆使用的样式相同的家用型电吹风，根据机种可调节风量、风温。

2. 电吹风的选择

依据需要选择电吹风。

(1) 吹干头发用时选择吹风口较大的

要吹干头发，关系到风速、风量、暖风温度等。其中风速一般在 5 米/秒以上，产品有 10～20 米/秒等。但风力过强会引起头发飞扬，并不方便。暖风温度一般规定在 140℃以下，如果超过这个温度会损伤头发。

在同等的上述参数下，吹风口大则吹干头发的效率高。

(2) 给头发造型时选择扁形吹风口的

头发的整形，除了与风速、风量、风温有关外，还受到吹风口形状的影响。热风尽量集中于吹风口的比较容易使头发成形，而且吹风口较小的为好。

(3) 电吹风的体积重量要尽量轻便

请选择把手宽度、长度、整体重量等设计均衡的电吹风。重量过大会使手臂疲劳不便使用。

(4) 注意开关的位置

选择握住把手就可方便操纵式的开关，注意其位置、形状和松紧度。

(5) 注意选择电动机噪音小和振动小的电吹风

电动机噪音小和振动小的电吹风感觉舒适，而且电转换效率也高。

(三) 正确的使用方法

①不要堵住吸风口和吹风口。

②不要重摔或重击。

图 8-2　避免掉落

③如在打开开关时放置在被褥或纸屑等易燃物的附近会引起火灾，请务必引起注意。

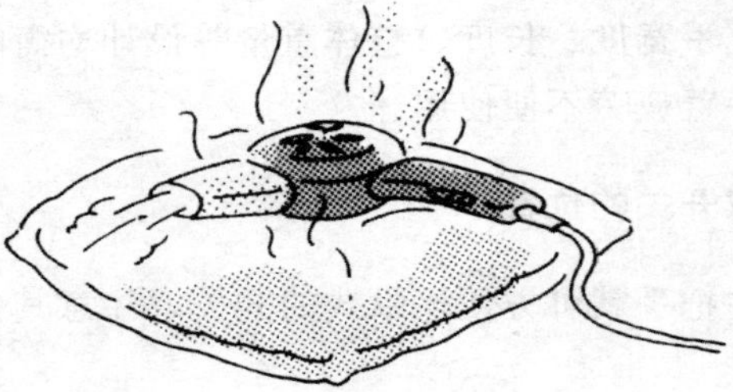

图 8-3　注意隔热

④使用后要关闭开关，拔下电源插头。

⑤使用电吹风整形前，先将头发喷上定型剂或清水等，这样比较容易整形并可防止头发损伤。

⑥吹风口离开头发 5 厘米以上，过近或只在某一处停留过长，其热风会造成烫伤或烧坏头发。

⑦为防止电磁辐射，开启和关闭电吹风时，也要尽量离头部

远一点。使用时，最好将电吹风与头部保持垂直，不要连续长时间使用，最好间断停歇。

九、电熨斗的使用须知

（一）构造与原理

1. 电熨斗的构造

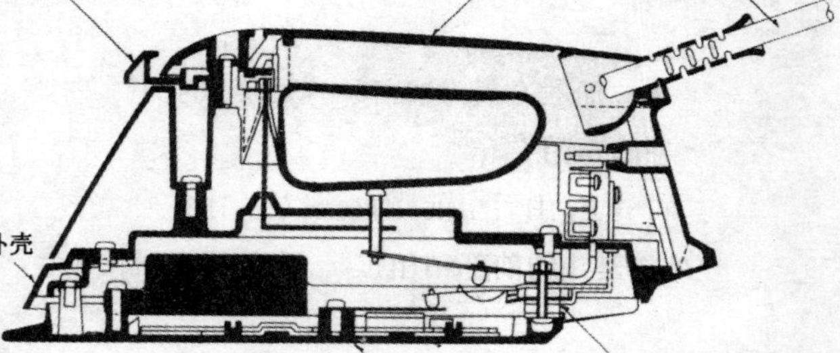

图 9-1 自动式电熨斗的构造

2. 电熨斗的工作原理

电熨斗是通过将电能转换为热能，并利用热量对衣物起定形作用的小家电。因此，其底部的加热盘是关键部件，而与对其进行接通与切断、进行温度调节等相关的控制部件，也是电熨斗重要的组成部分。

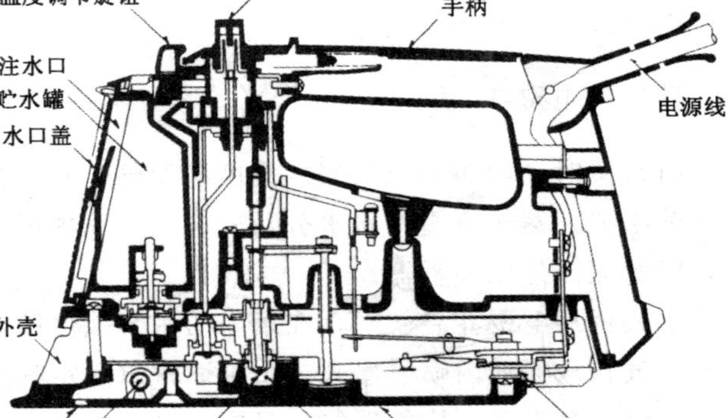

图 9-2　蒸气式电熨斗的构造

（二）种类与选择

1. 电熨斗的种类

(1) 普通型电熨斗

普通型电熨斗耗电量 80～100 瓦。由于底部温度上升较快，熨烫简单衣物时效率较高。

(2) 自动式电熨斗

即在普通型电熨斗内安装了自动温度调节器，底部温度可进行调节。根据布料种类，将温度调节器按照刻度进行调节后，底部的温度便自动保持均衡。对于耐热力较差的化纤最为有效。并且由于可以自动控制电源的开关，还可防止电力的损耗，温度调整范围在 80～210℃之间。

(3) 蒸气式电熨斗

在进行熨烫时，给布料以适当的温度与湿气，对于恢复纤维的弹性十分必要，蒸气电熨斗将水分从底部的小孔内成蒸气状喷射出来，因此无需使用喷雾器。

①贮水式蒸气电熨斗。使贮存在罐内的水直接烧沸，用压力使水变成蒸气状从喷嘴内喷射出来。由于通常以一定的压力使蒸气喷出，所以不会出现不均匀现象，又由于蒸气的压力较大，对于布料的渗透力较强也是一大优点。

②滴水式蒸气电熨斗。这是一种将罐内的水少量地滴在蒸气室的发热板上并在瞬间蒸发成蒸气状的电熨斗，蒸气室内保持着使水蒸发为蒸气的最适当温度，并装有自动温度调节器。另外通过使用手柄上部的开关按钮，随时都可停止蒸气的喷出。

与贮水式相比，蒸气转换快，罐内的压力不会上升，可制造更多的喷气孔。

③喷雾式蒸气电熨斗。这种电熨斗是将滴水式蒸气电熨斗贮水罐内的水通过喷雾式喷嘴向前喷出。在熨烫较厚布料时作为补充底部蒸气湿度不足时最为有利。

2. 电熨斗的选择

现在的电熨斗除了熨烫功能，其附加功能可谓五花八门，像自动除垢、干洗去毛等等，可以依据需要进行选择。

（三）正确的使用方法

1. 从低温逐渐升高

即使把温度调节的刻度降低，由于余热，温度仍不会迅速下降，因此在熨烫时请从要求低温的布料开始逐渐到要求高温的布料，这样便可收到好的效果。

2. 单方向熨烫

单方向熨烫，由后至前、由右至左地连续动作。将电熨斗的前部稍稍提起，对电熨斗的后部用力，不容易出现小皱纹。

3. 短时间内完成

熨烫时间过长布料会出现亮光，最好在短时间内完成。另外使用时间过长，即使刻度适合标准，热度仍然会损伤衣料。

表 9-1　布料种类与底部温度对照表

布料名	底部标准温度
聚丙烯纤维	约 80℃
丙烯纤维、醋酸丝、尼龙、维尼纶	110℃
丝织品、人造丝	130℃
毛纺织品、毛线编织物	150℃
棉织品	170℃
麻布、亚麻布	190℃
湿状的厚质毛、棉、麻织品	200～210℃

（四）安全的使用方法

1. 注意避免发生烫伤

首先注意不要接触发热部位，蒸气式电熨斗激烈摇动、倾斜、放倒时蒸气会喷发出来。注意注水口、喷气孔不要对人，尤其底部成喷气状态时对脸部，由于热气的喷出会引起烫伤，请绝对禁止上述动作。

2. 尽量使用质量较纯的水

如使用含有矿物质或其他异物的水，会引起生锈或蒸气喷出孔堵塞等现象，因而缩短电熨斗的使用寿命。为防止堵塞和节电最好使用烧开过的水。

3. 注意适应布料的温度

务必使用适应布料的温度，尤其纤维制品要注意熨烫记号，确认了记号后调整电熨斗的温度。一般化纤制品可不使用蒸气，只进行干熨即可。

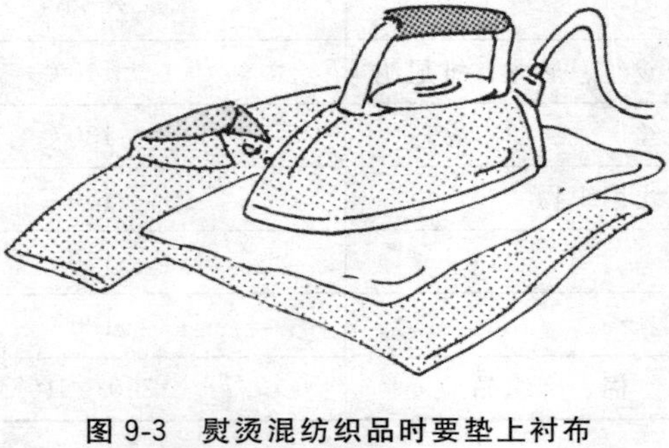

图 9-3　熨烫混纺织品时要垫上衬布

表 9-2　熨烫方法的图形记号

记号	表示
	请使用高温（180～210℃）熨烫
	请使用衬布并且高温（180～210℃）熨烫
	请使用中温（140～160℃）熨烫
	请使用衬布并且中温（140～160℃）熨烫
	请使用低温（80～120℃）熨烫
	请使用衬布并且低温（80～120℃）熨烫
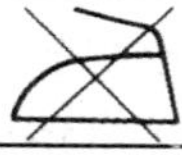	不可使用电熨斗熨烫

4. 底部粘上浆糊时

除非是塑胶加工的底部外，用小刀即可刮下来，或用碳酸氢钠浸湿后，用抹布擦拭。此时请不要接通电源。如果是塑胶加工的底部时，请用质地较软的布轻轻擦拭即可。

5. 长时间通电会引起火灾

中途离开时，要养成随手拔下插头的习惯。

（五）日常的保养方法

养成经常打扫蒸气喷出孔的习惯。为防止水垢的堆积，要注意经常打扫。蒸气室上部圆孔内堆积的灰垢请用铁丝等取出来。

附　录

（一）家电使用年限

1. 电冰箱的使用年限

使用年限：一般为 12～15 年。

衰老症状：噪声过大、耗电较大、制冷效果差、漏水、运转时发生颤抖等。

安全隐患：过于老旧的电冰箱，机体许多部件积蓄的灰尘越来越多，如果清理不干净，容易造成短路，保鲜和杀菌功能都会退化，导致食物串味、不能保鲜；同时，制冷剂也会泄漏，污染环境，危害健康。作为“电老虎”，用了十年的冰箱用电量是最初使用时的两倍。

2. 洗衣机的使用年限

使用年限：一般在 8 年左右，使用频率高会相对缩短 1～2 年，用得少又注意保养，则能相应延长 1～2 年。

衰老症状：塑料外壳颜色变浅、噪音过大、转不动、洗不干净衣服、经常出现渗水等小毛病，严重时还会漏电。

安全隐患：洗衣机在“超期服役”的状态下，可能发生爆炸起火的恶性事件。这除了与使用年限有关外，还可能和洗衣机的摆放位置、摆放环境、洗涤方式、洗涤频率、电源接口等有关。特别是用久了又不注意清洁，机体内残留的水分在封闭、潮湿的环境中容易滋生细菌，让衣服越洗越脏。另外，使用时间过长，让电机老化，轴承磨损加大，由此导致一些零部件间的缝隙加大，也可能夹坏衣服。

3. 空调器的使用年限

使用年限：平时开机时间较短的话，安全使用年限是10年。

衰老症状：制冷或制热慢、噪音过大、遥控不灵，一开机就直喷尘土，吹出的风掺杂着一阵霉味，有的甚至流出黑水。

安全隐患：旧空调器不能很快达到预定温度，休眠状态较短，所以很费电。另外“超龄”空调器的蒸发器翅片会严重氧化，哪怕已清洗，仍会积聚不少污垢，因此可能引发人体喉部的各种不适。

4. 电视机的使用年限

使用年限：黑白电视机10～12年、彩色电视机8～10年。

衰老症状：外壳褪色，屏幕暗淡，色彩没有原来鲜艳，偏色(比如整体显得蓝)。

安全隐患：电视机用得越久越不安全，年老又得不到维护的电视机极易发生自燃或爆炸等事故。这是因为老化的电视机受到震动、骤冷、骤热，以及机内积尘污垢过多或电线短路，造成局部过热，引起显像管爆炸。而超龄服役的电视机因为电器元件老化，图像不清晰、画面抖动等，会无形中损害人的视力，同时增大的辐射也会损害健康。

5. 小家电的一般寿命

热水器：使用年限大多在6～8年。超出使用年限的热水器机身颜色会变浅或发暗，在运行的过程中声音会有异常，有的还会有“隆隆”的杂音。此外，连接机身的塑料软管会变硬、变暗、开裂，常出现开关失灵，造成回火、熄火、安全装置失效等。热水器老化可能带来致命后果，因为老化使连接电路的零部件功能下降，导致电路连接不畅或者漏电等情况发生。另外，在长期使用的过程中，水中含有的微量杂质和矿物质会沉淀在热水器内胆中，影响出水水质及使用寿命。

电饭煲：使用年限一般在 6～8 年，使用期间应特别注意电源插头不要老是拔来拔去的，很容易加大电阻，会导致插头接口处发热，引起着火的情况发生。

电吹风：使用年限一般在 4 年左右，由于内有保护装置，如果使用年限过长，保护装置超过一定的次数，很可能会烫伤人或引发火灾。

吸尘器：使用年限一般是 7～8 年，吸尘器的集尘袋要注意勤换，否则容易滋生细菌，影响健康。

加湿器：使用寿命与核心部件振荡片有关，高品质的振荡片能使用 4000～6000 个小时，普通的寿命在 3000 个小时以下，劣质的只能使用几百个小时。加湿器的湿度最好不要调得太大，水用完后及时清理，不要连续几天都用同一次接的水，对健康不利，使用完后应及时将水汽擦干，否则容易滋生细菌。

电热毯：安全使用年限为 6 年。超过 6 年，其发热线保护绝缘层开始老化、开裂，容易出现漏电事故。

饮水机：安全使用年限在 8 年左右，滤芯 3 年需要更换一次，饮水机每隔 1～2 月消毒和清洁一次。如果长时间不喝，一定要彻底清洁一下。在不饮水的情况下，最好拔下插头，关闭烧水的开关，以减少损耗。

其他家电使用年限：电熨斗，9 年；个人电脑，6 年；电风扇，10 年；微波炉，10 年；电动剃须刀，4 年。

（二）常见家电电磁辐射量

1. 电冰箱电磁辐射量

正面底部 5 毫高斯，离开 30 厘米就降为 1 毫高斯以下。

2. 洗衣机电磁辐射量

贴近洗衣机超过 100 毫高斯；正面离开 30 厘米，侧面离开 70 厘米，就降为 1 毫高斯以下。

3. 衣物烘干机电磁辐射量

正面超过 100 毫高斯，离开 40 厘米就降为 1 毫高斯以下。

4. 空调器电磁辐射量

室外机离开 50 厘米为 15 毫高斯，离开 1 米为 1.6 毫高斯。

5. 微波炉电磁辐射量

离开 10 厘米为 40～102 毫高斯，离开 50 厘米为 4.3～8.2 毫高斯。微波炉门缝处辐射最强，启动时辐射最强，因此烹饪时不要过于靠近，至少离炉 50 厘米以上，眼睛不要看着炉门，不可在炉前久站。

6. 电磁炉、电火锅电磁辐射量

离开 10 厘米为 80～370 毫高斯，离开 50 厘米为 5.5～7.2 毫高斯。电磁炉、电火锅使用时间不要太长，使用时也要保持一定距离。

7. 电饭锅电磁辐射量

煮饭、保温使用中30厘米以内2～10毫高斯。应保持距离，用完后拔下插头。

8. 电吹风电磁辐射量

距离15厘米，10毫高斯。把手处100毫高斯以上。可能对脑有影响，请不要长时间使用。

9. 电熨斗电磁辐射量

3毫高斯。电熨斗的辐射也不小，建议把温度一次加热到位，用一会再继续加热，不要边加热边熨衣服。

10. 加湿器电磁辐射量

正面超过100毫高斯，离开40厘米就降为1毫高斯以下。特别受女性青睐的加湿器的辐射竟然如此之大，因此，使用时千万不要放在离身体太近的地方。

11. 电热毯电磁辐射量

距离5厘米为20～100毫高斯。电热毯对孕妇、儿童、老人的损害最大，应慎用，因为电热毯本身就相当于一个电磁场，即使关上电源，辐射仍然会扰乱体内的自然电场。

12. 吸尘器电磁辐射量

200毫高斯。

13. 电须刀电磁辐射量

100毫高斯。

14. VCD 电磁辐射量

10 毫高斯。

15. 无绳电话电磁辐射量

200 毫高斯。无绳电话辐射最大，孕期妈妈尽量不要接触。

(三) 其他常见家电异常现象判断与排除

当使用时出现以下异常现象，并不完全是出现故障，建议在送出维修前再详细检查一次。经以上检查后，仍不能排除，请与专业维修公司联系。

1. 油烟机异常现象判断与排除

附表 1 油烟机异常故障判断与排除

异常现象	产生原因	处理方法
照明灯不亮、电机不运转	电源线插头未插紧。或底座过松 电源线进线在前盖板右上角的接插件未插紧（在电源线插头未拔掉前，请勿触摸接插件） 接线板焊点虚焊、断路	请检查插座是否有电，并将松动的插头插紧 将接插件接插到位 需维修更换
照明灯亮、电机不运转	琴键开关簧片无弹性、失灵 接线板处电机的接插线接触不良 电机烧坏 电容损坏、电机不能启动	更换开关 请检查接插线，确信接触良好 更换电机 更换电容

续表

异常现象	产生原因	处理方法
机体明显振动	查看主机悬挂是否牢固	挂牢
	叶轮是否安装到位，蜗壳接连脚是否移动	固定到位
	叶轮受损不平衡	更换叶轮
吸力不强	安装过高	请降低安装高度
	使用空间空气对流太大，或门窗关闭太紧不能换气	改变周围环境状态
	排风管出口受到阻力，或止逆阀叶片被卡住	疏通出风口，清理叶片
	电机速度明显降低	更换电机或电容
	长时间未清洗，叶轮被油粘住，转速减慢	清洗叶轮

2. 燃气灶异常现象判断与排除

附表 2　燃气灶异常现象判断与排除

异常现象	产生原因	处理办法
点不着火	气源总开关未开	打开气源总开关
	电池电力不足	更换电池
	点火针油垢多	清洁点火针油垢
	点火针位置不当	调整点火针与火盖的距离4～6毫米，并对准火孔
	微动开关坏	专业人员更换
	橡胶管压扁或扭折	排除扭折或更换胶管
	更换钢瓶时，胶管里有空气	重复打几次火

续表

异常现象		产生原因	处理办法
点不着火		感应针短路	调整感应针不和火盖接触
		盛液盘装反	把盛液盘对调过来
漏气（或有异味）		胶管老化破裂或脱落	更换或重新连接胶管
		炉头主火未点燃、意外熄火	待燃气散尽后再点火
		进气管密封胶圈老化	更换胶圈
火焰异常	红火	空气湿度大，油烟大	正常现象
	黄火	风门开度过小	开大风门
		火盖火孔有污物	清理火盖
		钢瓶中液化气快用完	更换一瓶液化气
	离焰，脱火（火焰脱离火孔）	风门开度过大	调小风门
		燃气压力过大	用液化气钢瓶时，请专业人员调减压阀 用管道气的，把燃气总开关关小一点
		厨房空气流动太快，抽风过猛	适当关小门窗，油烟机打弱挡
	回火（在炉头里燃烧）	燃气压力过低	如果为了省气关小，要适当开大，把管道总开关开大
		火盖火孔有溢出液体和脏物	把火盖清理干净
		燃烧时间过长，炉头温度过高	暂停使用，冷却后再用
	火焰短小无力	燃气压力低	检查液化气钢瓶阀是否开度小和减压阀是否有故障
	火焰易熄	离子感应针偏离火焰	调整离子感应针
熄火有噪声		关火操作速度太快	关火时慢一点
燃烧时有啃声		喷嘴有毛刺	清理毛刺

续表

异常现象	产生原因	处理办法
自动熄火	离子感应保护，感应针偏位	火盖放到位，调整感应针对准火孔
	热电式保护，热电偶位置不对	调小风门，调整热电偶对准火孔
	感应针与接地套（不锈钢件）之间有水或脏物	使用感应针接触火焰，清掉水和脏物
	感应针位置过高或过低	专业人员调整
	感应针折断	专业人员更换
	燃气压力低	专业人员调整减压阀或更换
	电磁阀故障	专业人员更换
	点火后放开手，火便熄灭	点火按压时间短，多按一些时间
其他故障	其他原因	请专业人员维修

3. 高压电饭煲异常现象判断与排除

附表 3　高压电饭煲异常现象判断与排除

故障现象	故障产生原因	故障处理方法
合盖困难	密封圈未放置好	装好密封圈
	浮子阀卡住推杆	用手轻推推杆
开盖困难	放气后浮子阀未落下	用筷子轻压浮子阀
	锅内有压力	待锅内压力下降后开盖
锅盖漏气	未放密封圈	按要求放置好密封圈
	密封圈上粘有异物	清洁密封圈
	密封圈破损	更换密封圈
	未合好盖	重新合盖到位

续表

故障现象	故障产生原因	故障处理方法
浮子阀漏气	浮子阀密封垫粘有食物渣滓	清洁浮子阀密封垫
	浮子阀密封垫磨损	更换浮子阀密封垫
浮子阀不能上升	锅内食物和水过少	按规定放食物和水
	锅盖或排气阀漏气	送维修点检修
工作时排气阀不断排气	排气阀未放在密封位	排气阀拨到密封位置
	压力控制失灵	送维修点检修
通电灯不亮	电源插座接触不良	请检查电源插座
煮饭不熟/太硬	加水过少	适当增加水量
	过早开盖	烹饪结束 5 分钟后排气开盖
煮饭太软	加水量过多	适当减少水量

4. 电话机异常现象判断与排除

附表 4　电话机异常现象判断与排除

异常现象	产生原因	处理方法
杂音	各连接线路松动或脱皮 电话外线接头接触不良 ADSL 用户未正确安装 ADSL 语音分离器	重新安装或者更换 重新安装 重新安装
无响铃	与电话外线接触不良或电话外线折断 收线开关没有压下 机内响铃部分故障	重新安装或者更换 维修 维修
来电只响一声铃	电话线路不正常	请与当地电信局联系检修

续表

异常现象	产生原因	处理方法
免提无法受话	机内免提部分故障，如稳压管击穿、喇叭开路等	维修或者更换
接收不到来电信息	电池电量不足	换上新电池
	未向电信局申请来电显示服务	查询
	电信局未开通来电显示服务	查询
	内线交换机不具备来电显示功能	
	外线上是否接了分线器、防盗器等	
手柄无法受话	收线开关没有弹起	维修或者更换
	手柄卷线断或接触不良	维修或者更换
	机内手柄通话部分故障：如稳压管击穿、受话器开路等。	维修或者更换
不能拨号	按键盘进水，引起拨号盘短路	晾干，可自然恢复
	机内拨号部分故障	
无声	电话外引线接头处脱落或折断	重新安装或者更换
	检查电话外线是否有接触不良	
显示错乱或死机		将电池及外线全部取下，30秒后重新装上。如果还不行，请送维修点维修